EXPLORATION

SCIENTIFIQUE

DE LA TUNISIE,

PUBLIÉE

SOUS LES AUSPICES DU MINISTÈRE DE L'INSTRUCTION PUBLIQUE.

BOTANIQUE.

RAPPORT SUR UNE MISSION

EXÉCUTÉE EN 1884.

EXPLORATION SCIENTIFIQUE DE LA TUNISIE.

RAPPORT SUR UNE MISSION BOTANIQUE

EXÉCUTÉE EN 1884

DANS LA RÉGION SAHARIENNE, AU NORD DES GRANDS CHOTTS ET DANS LES ÎLES DE LA CÔTE ORIENTALE

DE LA TUNISIE,

PAR

DOÛMET-ADANSON,

MEMBRE DE LA MISSION DE L'EXPLORATION SCIENTIFIQUE DE LA TUNISIE,
PRÉSIDENT DE LA SOCIÉTÉ D'HORTICULTURE ET D'HISTOIRE NATURELLE DE L'HÉRAULT
ET DE LA SOCIÉTÉ D'HORTICULTURE DE L'ALLIER,
VICE-PRÉSIDENT DE LA SOCIÉTÉ D'ÉMULATION DE L'ALLIER,
PRÉSIDENT DE LA COMMISSION MÉTÉOROLOGIQUE DE L'ALLIER, ETC.

PARIS.

IMPRIMERIE NATIONALE.

M DCCC LXXXVIII.

Sur la proposition du Président de la Mission de l'exploration scientifique de la Tunisie, M. le Ministre de l'instruction publique voulut bien me confier la direction de l'un des deux groupes d'explorateurs chargés, en 1884, de poursuivre dans la Régence les recherches d'histoire naturelle auxquelles j'avais déjà contribué, en 1883, sous la direction de M. E. Cosson, et, précédemment, en 1874, par une première mission botanique [1].

Le groupe que j'avais l'honneur de diriger se composait de MM. Valéry Mayet, professeur à l'École nationale d'agriculture de Montpellier, le docteur Bonnet, préparateur au Muséum d'histoire naturelle de Paris, et Doûmet-Adanson. Il avait pour instructions d'explorer la partie sud de la Tunisie entre Sfax, Gafsa, la rive nord des chotts El-Djerid et El-Fedjedj, Gabès et la mer. Son itinéraire devait en outre comprendre une visite aux îles Kerkenna et à l'île de Djerba, ainsi que quelques excursions aux environs de Tunis, dans la vallée de la Medjerda, et à la petite île de Djezeïret Djamour (Zembra), pour compléter l'exploration faite, en 1883, dans le Nord, le Centre et la presqu'île du cap Bon, sous la direction de M. E. Cosson. Ce programme, malgré son étendue, a été entièrement réalisé, et notre voyage, commencé le 25 mars, n'a pris fin que le 7 juillet, époque à laquelle la chaleur et la sécheresse ne permettent plus d'obtenir de résultats satisfaisants d'une exploration dans ces contrées.

Les membres du groupe que j'ai dirigé appartenant tous à la section de botanique et de zoologie, nos recherches devaient avoir pour principal objet la connaissance de la flore et de la faune de la Tunisie; mais, comme dans tout voyage scientifique rien ne doit être

[1] Voir *Archives des missions scientifiques et littéraires*, 3e série, IV.

négligé de ce qui peut intéresser la science à tous les points de vue, chaque fois que l'occasion s'en est offerte, nous avons, mes compagnons et moi, joint à nos études spéciales des observations très diverses, notamment sur la météorologie, la géologie et la paléontologie, sur l'hydrologie et même sur l'archéologie tant historique que préhistorique. C'est dans ce même ordre d'idées, convaincus que l'œuvre commune ne pourrait qu'y gagner, que nous n'avons jamais cru devoir nous abstenir de recherches sur divers points que devaient visiter également d'autres membres de la Mission. Il y avait, du reste, tout avantage pour la science à ce que ces localités fussent abordées à deux époques différentes.

L'étendue de nos travaux, les soins matériels journaliers et l'organisation générale d'un voyage dans des pays le plus souvent dépourvus des ressources nécessaires à la vie, étaient plus que suffisants pour absorber tous les instants des membres de la Mission; mais je m'empresse de constater que par suite des mesures concertées entre le Ministère de l'instruction publique et celui de la guerre, et grâce au bienveillant concours de toutes les autorités de la Régence, nos excursions se sont effectuées dans les meilleures conditions.

Les membres de notre groupe ne sauraient oublier le bon accueil qui leur a été fait par M. Cambon, Ministre Résident, par M. le baron d'Estournelles et par tous les fonctionnaires de la Résidence, par MM. les généraux Boulanger, Riu et Allegro, par M. l'intendant général Taquin, par les colonels d'Orcet et de la Roque, les commandants Cabuch, du Puch et d'Amboix, les capitaines Coste, du Couret, d'Assailly, Grandjean et tous les officiers et médecins militaires du corps d'occupation.

Indépendamment des facilités de transport et des mesures de sécurité, nous leur avons dû de précieux renseignements sur la topographie du pays ainsi que beaucoup d'indications précises sans lesquelles il nous eût été difficile de mener à bien notre mission. Il y aurait aussi ingratitude de notre part à ne pas comprendre dans nos remerciements MM. Matteï, ancien vice-consul de France à Sfax, Gaud, directeur des postes dans la même ville, le khalifa de Djerba, l'agent de la Compagnie transatlantique à Houmt-Souk, M. Carleton, agent consulaire à

Zarzis et le khalifa de cette localité, qui nous ont prêté le concours le plus utile. Ajoutons que M. Matteï a poussé le dévouement jusqu'à faire avec moi une excursion pénible de plusieurs jours dans les îlots de Kerkenna, mettant ainsi à ma disposition son influence personnelle et la connaissance approfondie qu'il a de ce groupe d'îles intéressant.

Je suis heureux d'exprimer ici toute ma gratitude à mon excellent ami M. le docteur E. Cosson qui, malgré ses nombreuses occupations, a bien voulu vérifier la détermination de la plupart des plantes recueillies par nous dans le cours de notre mission et reviser le texte de la partie botanique de ce rapport.

RAPPORT

SUR

UNE MISSION BOTANIQUE

EXÉCUTÉE EN 1884

DANS LA RÉGION SAHARIENNE, AU NORD DES GRANDS CHOTTS, ET DANS LES ÎLES DE LA CÔTE ORIENTALE

DE LA TUNISIE.

I

Excursions aux environs de Tunis et dans plusieurs localités sur la voie ferrée de la vallée de la Medjerda.

Partis de France le 24 mars, nous débarquons à la Goulette le 26 et arrivons à Tunis le même jour. Sans perdre de temps, nous nous mettons en relation avec les autorités françaises pour obtenir les ordres indispensables à l'accomplissement de notre voyage dans le Sud; mais, comme d'une part nous sommes forcés d'attendre durant huit jours le prochain départ du paquebot de la côte, et que d'autre part nous avons pour instructions de compléter par quelques herborisations printanières les documents recueillis par la Mission botanique de 1883, à une époque plus tardive, nous faisons, dès le 28 mars, une course à la Marsa et dans la plaine de la Riana. La liste des plantes observées ou recueillies dans cette herborisation comprend à peu près l'ensemble du fonds de la végétation, tant dans la plaine et les terres cultivées que dans les sables et les dunes maritimes; si elle n'ajoute que peu d'espèces à la flore de Tunis, elle a fourni des indications nouvelles de localités. Dans cette première course, M. V. Mayet a aussi recueilli des documents intéressants pour la faune entomologique de cette partie du pays encore peu étudiée à ce point de vue.

La liste des plantes observées ou récoltées dans l'herborisation à la Marsa et dans les environs de Soukra comprend près de deux cents espèces, mais la plus grande partie figurant déjà dans les listes de 1883, nous n'en citerons que quelques-unes des plus intéressantes, telles que : *Medicago secundiflora*, *Lotus ornithopodioides*, *Geranium tuberosum* et *Eufragia latifolia*.

La faune entomologique des environs de Tunis rappelle en général celle de la province de Constantine : le *Scarites* des dunes littorales est le *S. Gigas* (comme à Alger et à Bône) et le seul *Blaps* que l'on y rencontre est le *B. Gigas* qui habite tout le pourtour de la Méditerranée. Le *Pimelia* des dunes est le *Pimelia inflata*, comme en Algérie; toutefois à la Goulette, entre la villa Kheredine et le lac El-Bahira, on trouve en abondance le *P. latipes* Sol., espèce propre à la Tunisie. La fréquence du *Tyntiria Barbara*, rare en Algérie, est également à noter. Les terrains salés, principalement ceux qui entourent le lac El-Bahira, rappellent ceux du littoral algérien. Hammam-el-Lif fait cependant exception, car nous y avons capturé certaines espèces qui méritent examen, entre autres un *Melasoma* de Sicile, le *Halonomus ovatus*. Nous y signalerons aussi l'abondance du *Cicindela Maura*.

Le 31 mars, nous nous transportons par le chemin de fer à Oued-Zerga, station qui doit son nom à l'un des principaux affluents de la Medjerda et sa triste célébrité à l'odieux massacre qui y a été commis au commencement de notre occupation. De nombreux essais de plantation de Vigne ont été entrepris avec succès autour de cette station, signalée au loin par un véritable bois d'*Eucalyptus* d'une vigueur qui démontre la valeur incontestable des arbres de ce genre au point de vue du reboisement rapide de cette partie du pays actuellement dénudée.

Les rives très herbeuses de l'Oued Zerga, que nous suivons en en descendant le cours, nous fournissent un certain nombre de plantes qui manquaient aux herborisations de 1883; mais c'est principalement l'exploration d'un bois de Lentisques (*Pistacia Lentiscus*) et de Chênes verts (*Quercus Ilex*) qui nous offre le plus d'intérêt en raison des nombreuses Orchidées que nous y trouvons en plein état de floraison. En entomologie, les récoltes n'y sont pas moins fructueuses; quelques reptiles y sont également capturés par M. Mayet. Nous devons malheureusement et à regret quitter trop promptement cette riche localité, notre retour à Tebourba devant s'effectuer le soir même afin de nous permettre d'explorer les environs de cette ville dès le lendemain matin.

Parmi les plantes récoltées à Oued-Zerga, nous devons citer plus spécialement :

Ranunculus millefoliatus, espèce généralement rare en Tunisie et confinée en Algérie dans la région montagneuse; *Haplophyllum Buxbaumii*, qui manque à l'Algérie; *Salvia viridis*; *Orchis longicruris*, rare; *O. papilionacea*;

Aceras anthropophora; Ophrys Scolopax, assez rare en Tunisie; *O. bombyliflora*, nouveau pour la flore tunisienne; *O. tabanifera*, également nouveau pour la flore; *O. lutea; O. Speculum.*

Le 1er avril, dès six heures du matin, et après une nuit passée sur les dalles de la salle d'attente du chemin de fer (Tebourba n'offrant même pas trace d'une auberge), nous nous acheminons vers le Battant, ancien barrage construit par les Romains sur la Medjerda et utilisé par les Beys de Tunis pour la prise d'eau d'une fabrique de chechias et de couvertures, jadis florissante mais actuellement abandonnée.

La plaine qui sépare Tebourba de la Medjerda, étant complètement couverte de cultures et de vieux Oliviers, n'offre que peu d'intérêt au naturaliste, mais le gigantesque travail des Romains mériterait les honneurs d'une étude spéciale qui rentre dans les attributions de la section d'archéologie et échappe à notre compétence. Tebourba a été visité en 1883 par la Mission botanique, mais la découverte faite depuis aux environs du Battant par M. Vira, vétérinaire de l'armée, d'une plante orientale curieuse, le *Leontice Leontopetalum*, inconnue jusque-là en Afrique et dont les stations les moins éloignées sont la Grèce et l'archipel grec, donne à notre course un intérêt spécial. Après de longues et pénibles recherches dans les terres argileuses que rend peu praticables une pluie fine et serrée, nous sommes assez heureux pour rencontrer les premiers spécimens de la plante convoitée, qui devient plus abondante à mesure que nous pénétrons dans les vastes champs de céréales situés sur la rive droite du cours d'eau. Cette abondance et l'étendue qu'elle occupe démontrent qu'elle y est réellement spontanée.

Aux environs de Tebourba et du Battant, outre le *Leontice*, nous ne signalerons que l'*Aceras Robertiana*, nouveau pour la Tunisie, et l'*Allium triquetrum*, déjà trouvé en Kroumirie par la Mission de 1883.

Tandis que nous faisions ample récolte du *Leontice*, M. Mayet se livrait à une fructueuse chasse d'insectes dans les détritus du bord du fleuve et était assez heureux pour y recueillir aussi quelques échantillons d'une espèce de mollusques du genre *Unio*, la première signalée jusqu'à présent dans les cours d'eau de la Régence. La faune de la vallée de la Medjerda peut être assimilée à celle des environs de Philippeville et de Bône.

Six kilomètres au moins nous séparent de Tebourba; aussi devons-nous battre en retraite afin de ne pas manquer le train qui doit nous ramener à Tunis.

De retour dans cette ville, pendant que je mets la dernière main aux préparatifs du départ pour le Sud, M. Mayet fait une fructueuse récolte entomologique aux ruines de Carthage et dans les sables du littoral, entre ce point et la Goulette.

II

Séjour à Sfax. — Première excursion aux îles Kerkenna.

Le 3 avril, la Mission s'embarque pour Sfax sur le paquebot de la Compagnie transatlantique.

Le 5, jour même de notre arrivée à Sfax, une herborisation est faite dans les anciens cimetières musulmans. Cette localité fort riche nous fournit un assez grand nombre d'espèces appartenant à la flore du Sud, mais dont la majeure partie ont déjà été signalées et récoltées antérieurement par MM. Espina et Kralik en 1854, et par moi-même en 1874. A cette date, j'avais pu récolter en nombreux échantillons le *Tetradyclis Eversmanni*, dans les terrains marécageux situés au nord-est du port; aujourd'hui ces terrains sont occupés par les bâtiments de l'hôpital militaire et l'entrepôt des alfas, et après de minutieuses et infructueuses recherches, nous avons le regret de constater la disparition de cette plante orientale si curieuse, dont Sfax était la seule station connue sur la côte tunisienne et dans le territoire des États Barbaresques.

La flore des environs de Sfax est caractérisée par un assez grand nombre de plantes sahariennes, ou tout au moins désertiques, associées aux espèces littorales. Nous citerons seulement les quelques espèces suivantes: *Ammosperma cinereum*, exclusivement saharien en Algérie; *Muricaria prostrata*, qui ne se rencontre en Algérie que sur la lisière du Sahara et dans les parties chaudes des Hauts-Plateaux; *Rapistrum bipinnatum*, rare et exclusivement saharien en Algérie ; *Reseda propinqua*, du Sahara en Algérie; *Trigonella maritima*, plante orientale manquant à la flore d'Algérie; *Filago Mareotica*, espèce rare, mais très abondante sur beaucoup de points en Tunisie dans les terrains salés; *Anacyclus Alexandrinus* var., du Sahara et de la partie chaude des Hauts-Plateaux en Algérie; *Centaurea contracta*, plante de la Cyrénaïque qui manque à l'Algérie; *Plantago Syrtica*, propre au Sahara en Algérie; *Paronychia longiseta*, saharien en Algérie; *Trisetum pumilum*, saharien en Algérie.

Les environs de Sfax ont fourni un assez grand nombre d'insectes appartenant également à la faune algérienne, tels que: *Tetracha Euphratica*, *Julodis Onopordi*, *Calosoma Maderæ*, *Tyntiria bipunctata*, etc., et, comme pour la flore, un certain nombre de types désertiques commencent à apparaître. Nous citerons entre autres : *Blaps Barbara*, *Pimelia simplex* et *Valdani*, les uns et les autres des Hauts-Plateaux et du Sahara algériens; *Morica octocostata*, *Cicindela Ægyptiaca*, *Blatta Ægyptiaca*.

Un gros crustacé isopode (*Hemilepictus Reaumuri*) court partout sur le terrain argileux, et, dans le genre *Armadillo*, une espèce nouvelle décrite par M. Simon (*A. Mayeti*) est à citer. Nous relaterons en outre l'abondance de deux espèces de Lépidoptères cosmopolites, le *Vanessa Cardui* et le *Deiopeia pulchella.*

En reptiles, les environs de Sfax ont fourni une abondante récolte de Sauriens, parmi lesquels : *Eremias guttulata*, *Acanthodactylus vulgaris*, *Platydactylus muralis*, *Hemidactylus verruculatus*, *Stenodactylus punctatus*, ce dernier dans les cimetières où il sort des tombes le soir.

Plusieurs visites faites dans les marchés nous ont permis de constater la présence des espèces de poissons suivantes : *Serranus Scriba*, *S. Gigas*, *Scorpena Porcus*, *Labrus Pavo*, *L. Turdus* et ses variétés, *Crenilabrus viridis*, *Seriola Dumerilii*, *Cantharus vulgaris?* (devant peut-être être distingué comme espèce par son museau allongé), *Corvina nigra*, *Chrysophris aurata*, *Pagellus Mormyrus*, *Sargus vulgaris*, *Mullus barbatus*, *Mugil Labeo*, *M. auratus*, *M.?* (espèce à museau pointu), *Belone Acus*, *Solea vulgaris*, *Balistes Capriscus*, *Torpedo Narke*, *Carcharodon Lamia*, *Notidanus griseus*, *Pastinaca vulgaris*, *Cephalopterus Giornæ*, *Rhinobates?*

Nous ajoutons que les Sélaciens paraissent très abondants et sont, à l'état sec, l'objet d'un commerce particulier.

La recherche des mollusques marins eût nécessité un séjour prolongé et des moyens spéciaux que nous n'avions pas à notre disposition; ce n'est donc qu'à titre de simple renseignement que nous notons : *Loligo vulgaris*, *Sepia vulgaris*, *Conus Mediterraneus*, *Cyprea Onyx* (trois exemplaires acquis d'un pêcheur d'éponges ainsi qu'un groupe de *Siliquaria*), *Cerithium vulgatum*, *Cardium edule* var., *Pinna marina* (très abondante entre la côte et les îles Kerkenna), *Dentalium Entalis* (abondant sur la plage), *Janthina communis* et *violacea*, et dans les Zostères rejetées par la mer, trois spécimens d'un mollusque rare appartenant au genre *Cylichna*, ce qui nous fait encore plus regretter de n'avoir pu fouiller les fonds herbeux du chenal qui sépare les îles Kerkenna de la côte.

Quant aux Gastéropodes terrestres, ils appartiennent aux groupes des *Helix Pisana*, *H. variabilis* et *maritima*, et *H. vermiculata.* Ce n'est que dans l'intérieur que l'on commence à rencontrer des types appartenant aux groupes des *Helix candidissima* et *Doumeti*, ce dernier rapporté de mon voyage de 1874 et retrouvé par la Mission de 1883 ainsi que par la Mission Roudaire, mais décrit à tort sous un autre nom dans le rapport de cette mission.

Nous ne perdons pas de temps pour nous occuper des préparatifs de notre voyage au Sud, avec d'autant plus de raison que nous savons par expérience avec quelle rapidité les phases de la végétation s'accomplissent dans la région désertique; mais, malgré le bon vouloir des autorités militaires, notamment du commandant du Puch et du capitaine Coste, de la compagnie mixte, un retard forcé nous est imposé par suite du changement de garnison d'un bataillon qui, allant de Gabès à Kairouan, absorbe pendant huit jours tous les moyens de transport sur lesquels nous comptions.

Cependant nous utilisons de notre mieux le temps que nous forcent à passer à Sfax ces circonstances fâcheuses, en faisant plusieurs herborisations et surtout des chasses entomologiques de jour et de nuit autour de l'enceinte de la ville. Ce contretemps devant également modifier la date de notre retour du Sud et conséquemment celle de notre visite aux îles Kerkenna, dans la crainte que la saison ne soit alors trop avancée pour étudier fructueusement la végétation de ces îles, nous nous décidons à y faire un premier voyage, nous réservant de les visiter de nouveau, s'il y a lieu, à notre retour.

Grâce à l'obligeance du Commandant indigène du port et de M. Matteï, agent de la Compagnie transatlantique, une mahonne est frétée, et, le 10 avril au matin, nous prenons la mer en compagnie de M. Bouillaud, jeune naturaliste plein de zèle, en mission sur les côtes de Tunisie où il se livre à des études d'anatomie et d'embryogénie sur les animaux inférieurs marins.

Bien que les Kerkenna ne soient séparées de la côte que par un bras de mer de vingt à vingt-cinq kilomètres de large, la traversée ne laisse pas que d'être chanceuse par suite des vents contraires, des courants rapides et surtout du peu de profondeur de la mer autour de ces îles. Les navires à voile qui manquent l'heure de la marée montante se voient souvent forcés de louvoyer ou d'attendre à l'ancre pendant plusieurs heures avant de pouvoir aborder. Ce jour-là nous en faisons l'expérience à nos dépens; après avoir franchi difficilement, entre les deux îles, l'étroit goulet d'El-Kantara (nom qui est dû à une ancienne jetée et à un pont romain qui reliait la petite et la grande Kerkenna), nous devons tirer de nombreuses bordées et ne parvenons à mettre pied à terre que vers quatre heures du soir, en face du village d'Ouled-Kassin où nous devons passer la nuit.

A la faveur des lettres de recommandation dont nous sommes porteurs et à l'aide d'un mélange d'italien et de mots arabes, nous obtenons du cheïkh de l'endroit à peu près tout ce qui nous est nécessaire, c'est-à-dire un logis et quelques vivres; puis, nos moyens d'existence étant assurés jusqu'au lendemain, les quelques heures de jour qui restent sont consacrées à l'exploration des environs.

Malgré la pluie, phénomène beaucoup plus rare ici que dans l'intérieur des terres, nous pouvons faire d'abondantes récoltes en plantes, en insectes et en mollusques, et constatons que la faune et la flore ont un caractère plus méridional que ne le comporte la position géographique de ces îles.

A la tombée de la nuit nous devons rendre visite à divers malades auxquels le docteur Bonnet fait des prescriptions médicales. C'est le prélude des nombreuses consultations qu'il devra s'astreindre à donner durant tout le cours du voyage, obligation gênante, il est vrai, mais toujours utile pour se concilier le bon vouloir des indigènes dont le concours est indispensable. L'Arabe a très grande confiance dans le savoir des docteurs européens et l'exercice de la médecine est auprès de lui le meilleur des laissez-passer.

Le lendemain matin, nous quittons Ouled-Kassin de bonne heure, après avoir préalablement mis en presse nos récoltes de la veille. Nos hôtes, qui nous ont procuré le nombre d'ânes et de chameaux nécessaires au transport de notre bagage, tiennent à nous accompagner à quelque distance du village. Après des adieux pleins d'une courtoisie réciproque, nous nous séparons de ces braves gens qui ne manquent pas de donner à nos guides des instructions précises pour nous faire parvenir à El-Ataïa dans la journée. La distance jusqu'à cette localité, située au nord-est de l'île, serait, disait-on, de vingt kilomètres, mais d'après le temps qu'il nous a fallu, je serais porté à croire qu'il y en a davantage. Nous longeons le bord de la mer en récoltant plus particulièrement sur notre route les espèces littorales, puis nous traversons des terrains plats récemment abandonnés par les eaux saumâtres et où croît en abondance le curieux *Filago Mareotica;* pénétrant dans les terres cultivées, à la hauteur du village des Ouled-bou-Ali, nous constatons dans les champs et les plantations d'Oliviers et de Dattiers l'existence de l'*Onopordon Espinæ*, au feuillage blanchâtre très ornemental, plante déjà trouvée en abondance par la Mission de 1883 entre Mehedia et El-Djem. En traversant plusieurs dépressions de terrain dans lesquelles les eaux de la mer paraissent pénétrer à marée haute, nous étudions la formation géologique relativement récente des îles Kerkenna. L'association dans des tufs, probablement quaternaires, de coquilles, les unes fossiles, les autres à peine subfossiles ou encore actuellement vivantes, nous porte à admettre une double action alternative d'exhaussement et d'affaissement, fait que nous avons pu constater à diverses reprises sur d'autres points de la côte tunisienne, depuis Sfax jusqu'à Zarzis, et qui paraît même s'étendre jusqu'à Tripoli.

Peu après nous atteignons Kelebin, village assez important entouré de cultures soignées et de plantations de Vignes et de Figuiers. Les champs et les jardins sont limités par des talus en terre argileuse soigneusement entretenus à l'instar de ceux que l'on établit en vue de la submersion des Vignes dans le Midi de la France. Le sommet en est couronné par des haies formées d'*Opuntia* ou d'*Aloe vera* et, sur leurs flancs, croissent avec une surprenante vigueur une foule de plantes succulentes : *Aizoon Hispanicum*, *A. Canariense*, *Mesembryanthemum crystallinum*, *M. nodiflorum*, *Silene succulenta*, etc., associées au *Peganum Harmala.* Une halte dans la maison de campagne de Si-Salah, caïd de l'île, nous repose des fatigues de la marche; puis, laissant sur la gauche la ville de Ramlah dont nous apercevons quelques maisons, nous poursuivons notre trajet à travers les cultures qui couvrent presque entièrement la surface de cette île, jadis beaucoup plus peuplée qu'aujourd'hui, d'après les nombreuses ruines de constructions et les enceintes de pierre que l'on y rencontre presque à chaque pas. Les plus importantes de ces ruines sont certainement celles des environs d'El-Abaskieh, village que nous laissons sur la droite après avoir examiné avec attention des citernes soit naturelles, soit creusées très anciennement dans les couches horizontales d'un calcaire très dur qui paraît former la carcasse de l'île au-dessous des terrains à fossiles quaternaires dont il a été précédemment question.

Au delà d'El-Abaskieh, une sebkha, que les eaux viennent à peine d'abandonner, semble pénétrer très avant dans les terres; puis les cultures reparaissent, ainsi que les ruines accompagnées d'enceintes de pierre, pour ne plus discontinuer jusqu'à l'entrée du village d'El-Ataïa qui doit être le terme de notre course de la journée. Là, nous sommes à peu de distance de l'extrémité nord-est de l'île, et la nuit, qui ne va pas tarder à venir, ne nous permettrait pas de pousser plus avant notre trajet. Force nous est donc de chercher un gîte pour nous reposer de nos dix heures de marche. En dépit de la difficulté que nous avons à nous faire comprendre, grâce aux bienveillantes dispositions des autorités, rien ne nous manque encore cette fois; nous pouvons même nous installer à peu près convenablement au milieu d'une affluence d'indigènes que pousse à nous entourer le désir bien naturel de voir les quatre étrangers dont l'arrivée a été annoncée par les conducteurs de nos bagages.

Le lendemain matin, 12 avril, les consultations étant données aux malades qui n'ont garde de laisser passer une si belle occasion de voir un thebib roumi, nous prenons congé des autorités et partons pour Cherki, village et port situés sur la rive occidentale de l'île. Nous ne tardons pas à atteindre une grande sebkha desséchée depuis peu et parsemée d'îlots de sable. Le trajet à travers cette plaine salée encore humide nous permet de récolter de nombreuses Salsolacées et de faire une fructueuse chasse d'insectes spéciaux à cette nature de terrain. De même que dans les autres dépressions que nous avons traversées la veille, nous constatons l'association des coquilles fossiles aux coquilles actuellement vivantes; les premières, détachées des roches anciennes, reconstituent avec les secondes un tuf nouveau. Sur un monticule pierreux occupé en partie par des cultures, nous capturons une Couleuvre intéressante (*Periops Algira*) et, en soulevant les pierres, nous découvrons de nombreux spécimens d'un Scorpion dangereux, de grande taille, qui diffère du *Buthus Occitanus* par la couleur noire de ses extrémités : c'est le *Buthus australis*, très répandu dans le Sud de la Régence où il occasionne souvent des accidents. Vers onze heures du matin, nous arrivons à Cherki où nous attend une réception des plus amicales de la part de l'ex-commandant du Bey-Chir, ancien et unique vaisseau de guerre du Bey de Tunis.

Comme il était dans nos projets de visiter un des îlots qui terminent au nord le groupe des Kerkenna, nous nous dirigeons dans l'après-midi vers la pointe de l'île, confiants dans l'assurance qui nous a été donnée que nous trouverions là une barque pour nous transporter sur l'îlot; mais, par un de ces malentendus trop fréquents lorsqu'on a de la difficulté à se faire comprendre, au lieu d'arriver à la mer, nous tombons en plein dans un misérable village dont les habitants, et surtout les enfants, viennent d'être décimés par une épidémie de variole d'autant plus meurtrière que la maladie sévissait sur des constitutions syphilitiques et était favorisée par la malpropreté native de la population. Dans ces conditions, lorsqu'elle n'emporte pas le sujet, la maladie cause toujours pour l'avenir les désordres les plus graves. Fidèle aux traditions généreuses du corps médical français, le docteur Bonnet, cédant aux supplications des habitants, visite et opère même quelques-uns des enfants les plus gravement atteints, besogne peu engageante et non dépourvue de danger. Le temps que nous avons passé dans ce village ne peut pas être considéré comme perdu, puisqu'il a été consacré à faire un peu de bien, mais il nous fait défaut pour réaliser le projet que nous avions conçu et il nous faut songer à battre en retraite sur Cherki, ce que nous faisons en nous dirigeant vers le port. Nous n'avons du reste pas à nous repentir d'avoir pris cette direction, car cela nous permet d'augmenter notablement la liste des plantes que nous avons déjà recueillies dans l'île et d'observer en place, sur le bord même de la mer, les couches de calcaire qui fournissent par désagrégation les fossiles que nous n'avons encore rencontrés qu'associés dans les poudingues récents aux espèces vivant encore dans la mer qui baigne les Kerkenna. Nous pouvons aussi, durant ce trajet, voir la méthode, aussi intéressante qu'ingénieuse, usitée pour les plantations de Dattiers dans un terrain de tuf qui semblerait à première vue impropre à toute culture arborescente. Cette méthode consiste à creuser des trous, profonds de deux à trois mètres et larges d'environ un mètre et demi à deux, dans la couche de tuf; le sable argileux et la couche aquifère étant ainsi atteints, l'arbre est planté au fond de l'excavation et butté seulement avec du sable ou de la terre, en sorte que ses racines soient toujours en contact avec le sol humide et la couche aquifère inférieure qui supplée à l'absence complète d'eau superficielle. C'est la justification du proverbe arabe disant que «le Dattier doit avoir le pied dans l'eau et la tête dans le feu». Du reste, les Palmiers des îles Kerkenna, comme tous ceux qui vivent au voisinage de la mer, ne produisent que des fruits de qualité très inférieure et seulement destinés à la nourriture des animaux; à part cette récolte de fruits peu rémunératrice, ils sont principalement destinés à fournir des frondes pour faire les palissades des pêcheries, et le vin de palmier ou lagmi qui remplace le vin véritable dans les repas de cérémonie des indigènes. Ce dernier produit s'obtient à l'aide d'incisions annulaires qui occasionnent des étranglements fort singuliers de la tige et lui donnent parfois l'aspect de colonnes travaillées au tour. Le lagmi, qui n'est autre chose que la sève de l'arbre, coule abondamment des incisions et est reçu dans un vase de terre, sorte d'amphore, que l'on remplace chaque matin. Cette opération n'est guère pratiquée que sur les Dattiers de peu de valeur, car, réitérée plusieurs fois, elle en amène généralement le dépérissement. Les vieux troncs de Palmiers sont aussi utilisés comme poutres et soliveaux de maisons, tandis que les frondes et leurs pétioles rigides remplacent dans les habitations indigènes nos lattes de plafond et nos plafonds eux-mêmes. — Avant de rentrer dans le village, à la nuit tombante, nous rencontrons d'importantes et nombreuses ruines d'édifices, des restes d'anciens murs et des citernes d'origine romaine, témoins irréfutables d'une prospérité dont l'état actuel de ces îles est loin de donner la mesure.

Le dimanche 13 avril, jour de Pâques, après avoir pris congé de l'hôte qui nous a si bien reçus et hébergés depuis la veille, nous nous rembarquons sur la felouque qui est venue nous attendre au mouillage relativement sûr de Cherki. Longeant cette fois la côte occidentale de la grande île, nous apercevons de loin Bordj-el-Ksar, important château romain remanié plusieurs fois, et nous abordons vers une heure de l'après-midi la pointe nord de la petite Kerkenna (Djira ou Srira), presque à l'entrée du goulet d'El-Kantara que nous avions franchi trois jours avant pour nous rendre à Ouled-Kassin. Le manque de fond empêchant toute barque d'arriver jusqu'à terre, nous sommes forcés de nous faire transporter sur les épaules de nos matelots; puis, comme notre intention est de traverser l'île à pied dans toute sa longueur, la felouque est immédiatement expédiée à l'extrémité sud, en un point nommé Bordj-bou-Yousef où elle devra nous attendre. Parvenus au rivage, nous ne tardons pas à découvrir quelques plantes intéressantes, entre autres le *Festuca Rohlfsiana*, nouveau pour la flore tunisienne et qui n'était connu que dans la Tripolitaine et la Cyrénaïque; mais bientôt après, nous éprouvons une véritable déception causée par un trajet de deux heures, aussi monotone que fatigant, dans des champs sablonneux complantés de Dattiers espacés à peu près également en tous sens. Ces plantations, qui constituent la seule richesse de l'île, dont elles couvrent environ les deux tiers, ont, vues de la mer, l'aspect d'une épaisse forêt. Sortis enfin de ce terrain qui ne nous offrait aucun intérêt, nous nous reposons quelques moments sur un monticule d'où la vue embrasse une grande partie de l'île. A nos pieds s'étend une vaste sebkha desséchée couverte de *Limoniastrum monopetalum* et de Salsolacées ; nous la franchissons, puis, traversant de nouveau des plantations de Palmiers entremêlés d'Oliviers, nous arrivons à Melitta, village important et unique centre de population de la petite Kerkenna. L'aspect de cette agglomération de maisons sans étages et de huttes entourées de palissades en feuilles de Dattier, flanquées chacune d'une ou plusieurs cabanes et de parcs où sont logés les ânes et les chameaux, est des plus curieux; il rappelle celui des villages nègres du Centre et de la côte occidentale de l'Afrique. Nous n'avons rien rencontré d'analogue dans le reste de notre voyage, et, si nous n'avions à satisfaire que notre bon plaisir, nous séjournerions d'autant plus volontiers à Melitta, que le khalifa, ancien colonel de la gendarmerie du Bey, nous convie avec une gracieuse insistance à passer la nuit dans sa maison. Convaincu cependant, par nos protestations, de l'obligation où nous sommes de rentrer à Sfax le soir même, il consent à nous laisser partir et nous procure même des ânes pour nous éviter la fatigue des huit kilomètres qu'il nous reste encore à faire dans les sables et les plantations de Palmiers semblables à celles que nous avons traversées dans la partie nord de l'île. La rapidité d'allure et parfois l'indiscipline de nos montures ne nous empêchent cependant, ni de remarquer la nature particulière de ces sables provenant de la décomposition d'un grès calcaire coquillier blanc dont le gisement se montre à nu en certains endroits du rivage, ni de recueillir quelques Strombes fossiles qui gisent sur le sol.

A Bordj-bou-Yousef, nous retrouvons notre felouque ainsi qu'il a été convenu, et, avant la nuit, nous faisons voile pour Sfax où une fraîche brise nous amène en deux heures un quart.

Notre excursion aux Kerkenna, qui a duré quatre jours pleins, nous a fourni d'abondantes récoltes de plantes, d'insectes et de reptiles, ainsi que d'intéressantes observations sur le climat, la structure géologique et les productions de ces îles, dont le régime climatérique paraît être, ainsi que nous l'avons déjà dit, beaucoup plus méridional que ne semblerait le comporter leur position géographique. Nous constaterons en effet, dans la suite de notre voyage, que la végétation y était déjà bien plus avancée que dans la plupart des localités de la contrée située plus au sud. Cette particularité tient sans doute à l'influence directe de la mer qui, en entretenant une température plus égale et une humidité plus constante de l'atmosphère, bien qu'il n'y pleuve presque jamais sérieusement, prédispose les plantes à une végétation précoce.

Pour compléter nos observations, nous ajouterons que la culture est relativement perfectionnée dans les deux îles, mais plus particulièrement dans celle de Ramlah où les villages sont partout entourés, jusqu'à une assez grande distance, de jardins très soignés. La Vigne y est cultivée sur une assez grande échelle, mais ce sont surtout les légumes qui peuplent les jardins complantés en outre de nombreux arbres fruitiers et de vigoureux Figuiers. En dehors des jardins, on y voit des plantations d'Oliviers et de Dattiers qui occupent, ces derniers surtout, d'assez vastes espaces, mais dont les fruits sont de qualité très inférieure. Dans la petite île (Srira ou Djira), moins peuplée que la grande, les plantations de Dattiers sont beaucoup plus étendues, couvrant environ les deux tiers de la superficie totale de l'île, tandis que les autres cultures, céréales ou jardins, y sont très restreintes.

L'eau superficielle, qui manque totalement aux deux îles, paraît être suppléée par une nappe d'eau abondante située à peu de profondeur.

La population des îles Kerkenna semble former une famille distincte de celle de la terre ferme; elle est plutôt maritime qu'agricole et se livre surtout à l'industrie de la pêche du poisson et des éponges; aussi les Kerkenniens fournissent-ils de nombreux et habiles marins.

Leur naturel est doux et porté à l'hospitalité. L'idiome qu'ils parlent paraît différer, malgré le peu de distance qui les en sépare, de celui des habitants de la côte à laquelle ces îles sont rattachées par un plateau sous-marin élevé et interrompu seulement par un canal profond, sorte de faille d'une largeur moyenne d'environ un kilomètre. Comme nous l'avons déjà dit, ces îles semblent être actuellement soumises à un phénomène d'abaissement lent, qui, en favorisant l'accès de la mer dans l'intérieur des terres, tend à restreindre de plus en plus la surface émergente de la grande île, principalement dans sa partie nord, et à la diviser en un certain nombre d'îlots analogues à ceux qui existent déjà et qui n'en sont séparés que par de petits bras de mer de très peu de profondeur.

De nombreux vestiges d'habitations, d'anciennes cultures et de travaux importants attestent que l'île de Ramlah a été beaucoup plus cultivée et surtout beaucoup plus peuplée dans les temps anciens. Bordj-el-Ksar, notamment, a dû être à l'époque romaine, et sans doute aussi à l'époque chrétienne, une ville d'une grande importance, comme population et comme commerce. Les vestiges de l'ancien port et les ruines de constructions qui bordent la mer sur un très long espace et sont incessamment détruites par les flots ne laissent aucun doute à cet égard. Nous y reviendrons plus tard dans le récit de notre visite à ces ruines.

La flore des îles Kerkenna est remarquable par le grand nombre d'espèces sahariennes qu'elle renferme. Le peu d'élévation du sol au-dessus du niveau de la mer, de grandes surfaces sableuses, la rareté de la pluie, remplacée par d'abondantes rosées, sont autant de conditions qui paraissent y favoriser le développement des espèces désertiques. Les plantes des terrains salés (les Salsolacées et les *Statice* principalement) y occupent aussi de larges espaces par suite de la pénétration des eaux de la mer dans l'intérieur des terres où elles forment, particulièrement dans le nord de la grande île, de vastes sebkhas alternativement submergées et desséchées suivant que la mer est agitée ou calme. Ces lagunes semblent tendre à envahir de plus en plus les terres en raison du phénomène d'abaissement lent que subit le sol de toute cette partie de la côte, ainsi que nous le prouvent les diverses observations que nous avons pu faire tant aux Kerkenna qu'à Gabès et à l'île de Djerba.

La liste suivante[1], bien qu'elle ne comprenne qu'une partie des nombreuses espèces que nous avons récoltées, suffit pour mettre en évidence le caractère saharien de la végétation :

Matthiola oxyceras DC.
*— *var.* basiceras Coss. et Kral., spécial à la Tunisie.
Notoceras Canariense R. Br.
Koniga Libyca R. Br.
Rapistrum bipinnatum Coss. et Kral.
Cleome Arabica L.
Helianthemum Kahiricum Delile.
Reseda propinqua R. Br.
Frankenia thymifolia Desf.
Erodium hirtum Willd.
*Zygophyllum album L. (Cilicie, Chypre, Arabie, Égypte).
Rhus oxyacanthoides Dum. Cours.
Argyrolobium uniflorum Jaub. et Spach.
Ononis serrata Forsk.
Medicago laciniata All.
*Trigonella maritima Delile (Sardaigne, Sicile, Égypte, Palestine).
*Astragalus Alexandrinus Boiss. (Égypte inférieure, Palestine, Arabie).
Hippocrepis bicontorta Lois.
Herniaria fruticosa L.
Paronychia longiseta Webb.
Mesembryanthemum nodiflorum L.
— crystallinum L.
Aizoon Canariense L.
Reaumuria vermiculata L.
Nitraria tridentata Desf.
*Deverra tortuosa DC. (Tripolitaine, Égypte).
Crucianella angustifolia L.
*Vaillantia lanata Delile; Galium Columella Ehrenb. (Tripolitaine, Égypte).
Scabiosa arenaria Forsk.

[1] Dans cette liste les noms des plantes qui n'ont pas été observées en Algérie sont précédés du signe * et sont suivis de l'indication de leur distribution géographique générale. — Consulter, pour la distribution géographique des autres espèces, observées en Algérie, les diverses publications de M. E. Cosson et spécialement la *Liste des plantes observées dans la région saharienne des environs et au sud de Biskra* (*Ann. sc. nat.*, sér. 4, IV, 281-288).

Atractylis prolifera Boiss.
A. microcephala Coss. et DR.
* A. flava Desf. (Égypte inférieure, Sinaï).
Centaurea dimorpha Viv.
* Onopordon Espinæ Coss., spécial à la Tunisie.
Carduus Arabicus DC.
Nolletia chrysocomoides Cass.
Chamomilla aurea J. Gay.
* Chlamydophora tridentata Ehrenb. (Égypte inférieure).
Helichrysum aff. H. Stœchas.
* Filago Mareotica Delile (Égypte inférieure).
Ifloga spicata Sch. Bip.
* Spitzelia radicata Coss. et Kral. (Égypte inférieure).
Apteranthes Gussoneana Mik.
Echium calycinum Viv.
Echiochilon fruticosum Desf.
Linaria fruticosa Desf.
Micromeria nervosa Benth.
Salvia lanigera Desf.
— Ægyptiaca L.
Statice pruinosa L.
Limoniastrum monopetalum Boiss.
Caroxylon tetragonum Moq.-Tand.
Halostachys perfoliata Moq.-Tand.
Urginea undulata Steinh.
* Scilla villosa Desf. (spécial à la Tunisie).
Lygeum Spartum L.
Pennisetum ciliare Link.
Gastridium nitens Coss. et DR.
* Æluropus littoralis Parl. *var.* repens (Tripolitaine, Égypte, Sicile, Caucase, Crête, Sibérie, Mésopotamie, Arabie).
* Festuca dichotoma Forsk. (Égypte, Arabie pétrée).
— Memphitica Coss.
* — (Scleropoa) Rohlfsiana Coss. (Tripolitaine, Cyrénaïque).

La faune entomologique des Kerkenna est sensiblement la même que celle de Sfax, en y ajoutant les *Buthus australis* et *Europœus* qui sont abondants dans la grande île, notamment près de Cherki.

En reptiles, nous avons capturé : *Stenodactylus punctatus*, *Gongylus ocellatus*, *Eremias guttulata*, et une Couleuvre qui est le *Periops Algira.*

En oiseaux, nous avons vu de nombreux Stercoraires, Puffins et Goélands, parmi lesquels le *Larus senatorius;* plusieurs *Lanius* (*L. Italicus*), d'abondantes Huppes et l'*Ardea Garzetta*, très commun sur les palissades des pêcheries.

Le sol bas des Kerkenna montre deux formations différentes : la carcasse des îles est formée d'un calcaire dolomitique très dur, disposé en couches horizontales assez souvent crevassées; dans ces crevasses on trouve parfois des réservoirs d'eau douce. Au-dessus de ce calcaire, s'étend sur plusieurs points de la grande île, principalement sur la côte nord-est, une formation quaternaire ancienne très fossilifère où l'on trouve le *Strombus Mediterraneus.* Cette roche est journellement délitée par l'action des eaux et ses débris forment actuellement un nouveau tuf coquillier dans lequel les espèces vivantes sont mêlées aux fossiles de la formation précédente. Sur plusieurs points de la côte occidentale, c'est-à-dire en face de la terre ferme, notamment au Bordj El-Ksar, il existe des falaises formées d'un terrain de gypse cristallin qui est entamé par l'action de la mer. Enfin, à la pointe sud de la petite île (Srira ou Djira), se trouve un gisement de grès calcaire blanc, renfermant de nombreux fossiles parmi lesquels le *Strombus Mediterraneus* dont on rencontre des spécimens épars dans les dunes de sables de cette portion de l'île, sables provenant des détritus du grès calcaire susmentionné.

Nos observations sur la position relative des diverses couches géologiques qui forment le sol des Kerkenna et sur le niveau actuel des constructions anciennes qui existent encore sur leur côte, nous portent à admettre que celle-ci a subi des soulèvements et des affaissements alternatifs, et qu'elle est actuellement dans une période manifeste d'abaissement qui tend à réduire incessamment l'étendue des îles.

OBSERVATIONS MÉTÉOROLOGIQUES FAITES DANS LES ÎLES KERKENNA.

Ouled-Kassin, 11 avril, 7 heures matin.

Baromètre holostérique n° 1	764mm,2	État du ciel. — Beau (3) brumeux. — Fracto-cumulus à l'horizon Est.
Baromètre holostérique n° 2	765mm,2	
Thermomètre	+ 19°,5	A 6 heures du matin le thermomètre frondé donnait + 15°,3
Thermomètre frondé au dehors	+ 16°,8	
Vent. — N. faible (2).		

Kelbbin, 11 avril, 12h45.

Baromètre holostérique n° 1	764mm,8	Thermomètre	+ 19°,0
Baromètre holostérique n° 2	765mm,1	Thermomètre frondé	+ 19°,0

El-Ataïa, 12 avril, 6 heures matin.

Baromètre holostérique n° 1	763mm,9	Vent. — S. O. modéré (3).
Baromètre holostérique n° 2	764mm,2	État du ciel. — Beau (1) brumeux. — Fracto-cumulus à l'horizon S. O.
Thermomètre	+ 15°,6	
Thermomètre frondé	+ 15°,6	

Cherki, 12 avril, midi.

Baromètre holostérique n° 1	764mm,0	Thermomètre frondé au dehors + 23°,0
Baromètre holostérique n° 2	764mm,0	Vent. — S. S. E. faible (2).
Thermomètre	+ 21°,3	État du ciel. — Très beau (1), légère brume.

Cherki, 12 avril, 6 heures soir.

Baromètre holostérique n° 1	763mm,2	Vent. — S. faible (2).
Baromètre holostérique n° 2	763mm,5	État du ciel. — Beau (1), quelques strato-cirrus à l'Ouest.
Thermomètre	+ 19°,0	
Thermomètre frondé	+ 19°,0	

Cherki, 13 avril, 6h30 matin.

Baromètre holostérique n° 1	764mm,2	Thermomètre minima de la nuit + 14°,3
Baromètre holostérique n° 2	764mm,6	Vent. — Nul (0).
Thermomètre	+ 19°,4	État du ciel. — Beau (1), brume.
Thermomètre frondé	+ 17°,5	

III

Trajet de Sfax à Gafsa : Oued Leben, Djebel Bou-Hedma, les Aleïcha, Djebel Sened, la Madjoura.

Le 17 avril, à une heure du soir, après avoir consacré trois jours aux préparatifs de départ et à la mise en ordre de nos récoltes, nous levons le camp et prenons la route de Gafsa par la plaine de Chaal et l'Oued Leben. Nous sommes munis de deux tentes de seize hommes, l'une pour nous et notre matériel, l'autre pour les hommes de l'escorte. Notre personnel se compose de cinq hommes du train, dont un brigadier, deux cavaliers indigènes des compagnies mixtes et deux chameliers. Le nombre des animaux est de dix-sept, savoir : quatre chevaux montés, huit mulets du train, dont deux montés et six chargés, et cinq chameaux. C'est à peine suffisant, car, vu le nombre d'étapes que nous avons à fournir avant d'atteindre un point de ravitaillement, il nous faut, outre nos bagages, emporter des vivres en assez grande quantité pour nos hommes et nos animaux.

Notre itinéraire ayant été soigneusement tracé avec le concours du capitaine Coste, de la 3e compagnie mixte, lequel a fait campagne dans la région que nous allons explorer, nous nous dirigeons sur le Bir Khlifa, première halte que nous atteignons vers six heures du soir. Le camp est aussitôt dressé à proximité du puits et au pied d'une petite éminence couronnée par les restes des travaux exécutés par les Romains dans le but d'élever et de distribuer les eaux à l'entour, ainsi qu'ils avaient coutume de le faire dans ces contrées entièrement dépourvues d'irrigations naturelles. Notre première installation s'étant opérée sans difficulté, nous pouvons espérer que notre voyage s'effectuera dans de bonnes conditions, ce dont il était essentiel de s'assurer avant de pousser plus avant.

Le 18, dès que les rayons du soleil éclairent les blanches koubas de Sidi-Aguereb dont nous ne sommes éloignés que d'environ deux kilomètres, les tentes sont repliées et le chargement reconstitué en y apportant quelques modifications dont l'expérience nous a démontré la nécessité. La route que nous suivons a dû être l'ancienne voie romaine conduisant à Capsa, aujourd'hui Gafsa; nous la verrons dans la suite indiquée par une série de puits et de ruines d'anciennes villes ou de postes militaires distants de quelques kilomètres les uns des autres. Une température modérée favorise notre marche, et l'état satisfaisant de la végétation, exceptionnellement entretenue cette année par de fréquentes pluies, nous promet de riches récoltes en plantes et en insectes; mais, comme il importe de ne pas nous encombrer dès le premier jour d'espèces déjà recueillies antérieurement par M. Kralik en 1854 et par moi-même en 1874, nous nous bornons à prendre des échantillons des plantes les plus intéressantes et à dresser une liste de plus de 100 espèces qui nous démontre de nouveau l'association des formes désertiques à celles qui sont plus spéciales soit à la région septentrionale, soit à la zone littorale.

Bir Khlifa est riche en plantes, mais la flore en est assez analogue à celle des environs immédiats de Sfax; aussi je me bornerai à mentionner les espèces suivantes qui en donnent le caractère général : *Enarthrocarpus clavatus* (des parties chaudes des Hauts-Plateaux et du Sahara en Algérie), *Pteranthus echinatus*, *Gymnocarpus fruticosus* (Sahara en Algérie), *Deverra tortuosa* (manquant à l'Algérie), *Daucus pubescens* (Sahara en Algérie), *Achillea Santolina*, *Cyrtolepis Alexandrina* (Sahara en Algérie), *Spitzelia cupuligera*, *Plantago ovata* (presque exclusivement saharien en Algérie), *Pennisetum ciliare* (Sahara en Algérie), *Ægilops ventricosa* (assez rare en Tunisie, tandis qu'il est commun en Algérie).

La faune de ce point ne diffère pas non plus sensiblement de celle de Sfax.

La seconde journée de marche nous conduit au bord de l'Oued Bateha, cours d'eau assez important dont le lit très large est profondément creusé dans des terrains argilo-sableux d'une assez grande fertilité. Dès notre arrivée, à une heure du soir, nos tentes sont dressées sur la rive droite de l'oued qui doit nous fournir une eau abondante mais légèrement saline, et nous avons bien soin de nous tenir à quelque distance des douars, sachant par expérience que la proximité de ces agglomérations indigènes cause toujours plus d'ennuis qu'elle n'offre d'avantages.

Les bords de l'oued, à l'exploration desquels nous consacrons tout le reste de la soirée, offrent beaucoup d'intérêt tant au point de vue botanique qu'au point de vue zoologique; les productions naturelles s'y font remarquer par leur caractère particulièrement saharien et, sans l'obligation où nous sommes de gagner promptement le Sud, nous consacrerions volontiers plusieurs jours à cette station. Le désir de nous procurer certaines espèces d'Orthoptères nous fait poursuivre nos recherches même dans la nuit à l'aide d'une lanterne, malgré les dangers auxquels nous exposent les érosions profondes qui sillonnent les abords du lit de l'oued autour de notre campement.

Parmi les plantes récoltées nous citerons : *Sisymbrium coronopifolium* var. *ceratophyllum*, *Enarthrocarpus clavatus* (des Hauts-Plateaux chauds et du Sahara en Algérie), *Astragalus Gombo* (Hauts-plateaux chauds et Sahara en Algérie, commun en Tunisie où il remonte jusque vers Kairouan), *Muricaria prostrata* (Hauts-Plateaux et lisière du Sahara en Algérie), *Tri-*

gonella stellata (Sahara algérien), *Neurada procumbens* (Sahara en Algérie; en Tunisie il remonte jusque vers Kairouan), *Paronychia longiseta* (des parties chaudes des Hauts-Plateaux et du Sahara en Algérie), *Nolletia chrysocomoides* (Sahara en Algérie), *Asteriscus pygmæus* (Sahara en Algérie), *Cyrtolepis Alexandrina* (Sahara en Algérie), *Centaurea dimorpha* (parties chaudes des Hauts-Plateaux et Sahara en Algérie), *C. microcarpa* (Sahara en Algérie), *Onopordon Espinæ* (spécial à la Tunisie), *Echiochilon fruticosum* (Sahara en Algérie), *Linaria fruticosa* (Sahara en Algérie), *Echinopsilon muricatus* (Sahara en Algérie).

Comme la flore, la faune devient plus désertique; ainsi, nous notons parmi les insectes : *Cicindela leucosticta*, *Anthia sexmaculata*, et *Pimelia Doumeti*, variété pubescente de *P. granulata*, découverte par moi en 1874 et qui pendant plusieurs années a été considérée comme espèce. Un énorme Grillon blanc égyptien (*Brachytrupes megacephalus*) abonde dans les sables du lit de l'oued.

En fait de mammifères, signalons l'apparition des Gazelles et l'abondance de plusieurs espèces de Gerboises dont les terriers criblent le sol.

Le 19 au matin, le camp est levé dès huit heures, non sans avoir, comme chaque jour, procédé aux observations barométriques et thermométriques. La nuit a été relativement froide, car le thermomètre minima n'a marqué que + 5°, 3, mais la température remonte rapidement et, tandis qu'à six heures du matin elle était de + 6°, 5 au thermomètre frondé, dès huit heures, le même instrument accuse déjà + 19°, 8, soit un accroissement de 13°, 3 en deux heures, ce qui nous promet une chaleur assez forte pour le reste de la journée. Ce phénomène d'abaissement considérable de la température avant le lever du jour est du reste assez habituel dans la région désertique.

Quittant les bords de l'Oued Bateha, nous entrons bientôt dans une contrée inculte désignée par le nom de désert de Chaal, où règne en maîtresse, sur des espaces considérables, une Composée à fleurons jaunes de la flore saharienne, le *Rhanterium suaveolens*, plante à végétation très tardive et que nous ne trouverons en état de floraison qu'aux environs de Gafsa.

Des ruines occupant de vastes étendues et de vieux Oliviers, en assez grand nombre sur certains points, révèlent l'ancienne occupation du pays par les Romains, ainsi que sa fertilité au temps de leur colonisation. C'est non loin de notre campement que, en 1874, j'ai vu un de ces arbres dont la circonférence ne mesurait pas moins de 11 mètres.

Vers deux heures du soir, après avoir suivi le lit desséché d'un oued très important mais dont le nom nous est inconnu, nous arrivons au Bir Arrach, où nous devons camper. Le puits, auprès duquel nous dressons nos tentes, est creusé sur le flanc d'une colline qui s'élève au-dessus du lit de l'oued, très large en cet endroit. Ce puits a 29 mètres de profondeur et fournit une eau de très mauvaise qualité dont la température est de 21 degrés centigrades; il est de construction romaine, comme la plupart de ceux que l'on rencontre dans le trajet de Sfax à Gafsa. Sur les hauteurs voisines, on voit encore distinctement les enceintes ruinées d'une sorte de camp retranché. Un vent violent et un sol pierreux, infesté de Scorpions (*Buthus australis*), nous causent de grandes difficultés pour l'installation de nos tentes que l'on ne sait comment fixer solidement. On y parvient cependant, et, lorsque nous avons procédé au repas, nous nous mettons en devoir d'explorer la plaine, couverte de broussailles formées principalement de *Tamarix*, de *Thymelæa* et du *Retama Rœtam*, qui occupe un vaste espace sur la rive gauche de l'oued. Les captures d'insectes et de reptiles y sont nombreuses et intéressantes, et la nuit seule nous ramène au camp, sans les interrompre cependant, car elles se continuent sous la tente même fort avant dans la soirée, les espèces nocturnes ou crépusculaires étant attirées en foule par les lumières de notre campement.

Les environs du Bir Arrach ne nous ayant offert qu'une flore presque identique à celle des stations précédentes, nous ne citerons que : *Dianthus serrulatus* var. *grandiflorus*, *Neurada procumbens*, *Nolletia chrysocomoides*, *Onopordon ambiguum*, *Dæmia cordata*, *Arthratherum pungens*.

Quant à la faune de cette localité, elle est aussi sensiblement la même que celle des points visités depuis Sfax; nous y rencontrons pourtant un jeune *Varanus arenarius*, ce géant des sauriens terrestres du Nord de l'Afrique.

Pendant la nuit, un ouragan du nord-nord-ouest, d'une extrême violence, menace à plusieurs reprises de renverser nos tentes; mais la température s'abaisse beaucoup moins qu'à l'Oued Bateha, et le thermomètre minima ne marque pas au-dessous de + 11° 3, tandis qu'à huit heures du matin le thermomètre frondé accuse + 18°, degré très voisin de celui observé la veille à la même heure.

Le 20 avril, à neuf heures du matin, nous reprenons la direction ouest-sud-ouest à travers un pays accidenté et couvert d'une végétation assez abondante. Un grand nombre de constructions, détruites jusqu'à fleur du sol et dont les débris encombrent le terrain, révèlent l'existence d'une ville antique qui a dû être importante. Un peu plus loin, nous apercevons, au sommet d'une colline dénudée, un columbarium que je reconnais pour l'avoir déjà visité et signalé en 1874. C'est le signe certain que nous rejoignons la véritable route de Gafsa, dont nous nous étions quelque peu écartés sur la droite. Après avoir côtoyé quelque temps un oued peu important, mais conservant encore de l'eau dans quelques redirs ombragés par de vieux Oliviers, des *Tamarix* et des *Pistacia Atlantica*, nous arrivons au puits connu sous le nom de Bir Ali-ben-Halifa, auprès duquel nous faisons halte à l'ombre d'Oliviers archiséculaires, témoins encore vivants de l'époque où les Romains occupaient et cultivaient ce pays actuellement si désolé. Ce puits est, comme tous les autres, d'origine romaine; sa profondeur est de 55 mètres; l'eau qu'il fournit, de qualité plus que médiocre, est à 23 degrés de température. Néanmoins, on est très heureux de trouver cette ressource dans une contrée où l'eau potable fait presque partout défaut.

A cette station, nous notons entre autres plantes : le *Rhanterium suaveolens*, qui couvre entièrement une grande plaine, le *Pyrethrum fuscatum*, l'*Amberboa Lippii*, le *Statice Thouini*, variété très remarquable qui se distingue du type par la couleur blanc jaunâtre de ses fleurs et par des proportions plus grandes. Cette plante, que nous retrouverons sur beaucoup de points pendant notre voyage dans le Sud, pourrait bien être une espèce distincte du *S. Thouini*.

Le *Pimelia Doumeti* manque à cette station, dont la faune entomologique ne diffère pas cependant de celle des stations voisines.

Nous noterons la rencontre d'un grand Aigle (*Aquila fulva?*) et du *Strix Aluco*. Cette dernière espèce d'oiseau est commune à peu près partout en Tunisie, où elle est désignée par les indigènes sous le nom de *Bouma*.

A partir du Bir Ali-ben-Halifa, point de rencontre de la route de Gabès à Kairouan avec celle de Sfax à Gafsa, le pays devient d'une extrême monotonie : une immense plaine à peine ondulée s'étend jusqu'au pied du Djebel Madjouna. Revenant de Gafsa à Sfax, en 1874, j'avais dû la traverser de nuit silencieusement et y camper sans faire de feu, dans la crainte d'être attaqué par les bandes pillardes des Hammema. Aujourd'hui, nous la parcourons sans danger, mais nos spahis indigènes connaissant assez mal leur route, nous avons la mauvaise chance de nous y égarer, et ce n'est qu'à la nuit presque close que nous parvenons à découvrir les redirs d'El-Aïa, après avoir exécuté plusieurs marches et contremarches en différents sens. L'étape de cette journée est la plus longue et la plus fatigante que nous ayons eu à faire depuis Sfax; aussi est-ce avec une satisfaction réelle que nous voyons dresser nos tentes sur un terrain très abondamment pourvu d'herbe et à proximité de réservoirs naturels contenant une eau fraîche et de bonne qualité. El-Aïa, avec son bois de *Tamarix* et ses frais herbages, nous paraît un véritable Éden au milieu de ces solitudes. Il serait peut-être imprudent, toutefois, d'y séjourner trop longtemps et sans prendre de précautions contre la fièvre, toujours à craindre dans un bas-fond humide. Pendant la nuit, en effet, la température descend à $+ 5°,5$, et le lendemain matin (21 avril), quand nous levons le camp à huit heures et demie, une abondante rosée couvre encore de diamants et de perles les herbes et les buissons de la plaine.

A peine sommes-nous en marche que l'un de nos spahis est arrêté au passage par un magnifique serpent qui, surpris au pied d'une touffe de *Tamarix*, se dresse en gonflant sa gorge et en sifflant avec fureur. C'est un *Naja Haje* (Bou-Ftira des Arabes, Serpent-à-coiffe, Serpent-des-bateleurs, Vipère-des-pyramides), espèce des plus dangereuses que nous avions un vif désir de rencontrer, son existence n'étant encore que présumée dans cette partie de la Tunisie. Cédant aux coups de cravache qui ne lui sont pas ménagés et non moins effrayé que l'homme qui avait troublé son repos, le reptile rentre prudemment dans le fourré; mais, traqué dans son repaire et cerné de tous côtés, il est forcé de s'enfuir vers un autre buisson qu'il ne peut atteindre sans être pris, en dépit de l'agilité qu'il déploie. Le grand nombre d'insectes recueillis et la précieuse capture que nous venons de faire augmentent nos regrets de quitter si promptement le campement d'El-Aïa; mais nos heures sont comptées, et la désagréable expérience de la veille nous fait prudemment poursuivre notre route vers l'Oued Leben dont nous n'atteindrons les bords que vers onze heures du matin.

La station d'El-Aïa, relativement boisée par de nombreux et beaux *Tamarix*, qui croissent vigoureusement grâce à l'abondance d'eau douce que l'on y trouve, ne nous a offert cependant que peu de plantes intéressantes, à part les suivantes : *Ammosperma cinereum*, *Chlamydophora pubescens*, *Amberboa Lippii*, *Arnebia decumbens*, *Asphodelus viscidulus* (plante des déserts de l'Orient qui manque à l'Algérie).

Les Gazelles se montrent abondamment dans ces parages, où les terriers de Gerboises sont innombrables dans les terrains argilo-sableux. Parmi les oiseaux, nous avons noté l'OEdicnème criard et plusieurs espèces de Traquets. Sur les *Tamarix* existent plusieurs insectes communs à Biskra en Algérie. Les reptiles sont très nombreux aux environs d'El-Aïa. Nous y avons capturé : *Agama inermis*, *Acanthodactylus Boskianus*, *Tropidosaura Algira* (espèce qui ne passe pas pour désertique et qui se trouve à Montpellier et à Cette), *Cœlopeltis insignitus*, entre El-Aïa et l'Oued Leben; mais la prise la plus intéressante, sans contredit, est celle de notre magnifique *Naja Haje*. Dans les endroits marécageux se montrent aussi de nombreuses Tortues d'eau (*Emys leprosa*).

A peu de distance des redirs d'El-Aïa, la contrée reprend son caractère désertique; le sol sableux n'est plus couvert que de plantes sahariennes, la plupart hérissées d'épines (*Anthyllis Numidica*, *A. tragacanthoides*), qui font les délices des chameaux; de nombreuses Gazelles effrayées fuient devant nous, et les oiseaux du désert s'envolent à notre approche, tandis que chaque touffe d'herbe sert de refuge à un ou deux sauriens. La brise fraîche du matin a fait place à une atmosphère calme et suffocante qui augmente le malaise que nous causent les rayons brûlants du soleil dardés sur nos têtes. Nous traversons dans ces conditions le lit de l'Oued Leben, très large en cet endroit, que nous laissons à droite ainsi que le marabout désigné comme point de repère dans notre itinéraire.

Lorsque nous atteignons le pied des premières collines gypseuses qui se détachent de la base du Djebel Madjouna, notre attention est attirée par un arbre de moyenne taille auquel je reconnais de loin le facies particulier du Gommier (*Acacia tortilis*) ou Tahla dont la recherche et la constatation avaient été le principal but de mon voyage de 1874. A cette époque, je n'avais rencontré cet arbre curieux qu'à environ 40 kilomètres plus au sud. Comme la première fois, je constate son association avec le *Rhus oxyacanthoides* (Damouk des Arabes) et le *Pistacia Atlantica*. Nous saluons avec une véritable émotion cette vieille connaissance de dix ans qui nous gratifie d'un peu d'ombre et, après lui avoir dérobé, en dépit de ses dangereuses et cruelles épines, quelques rameaux garnis de jeunes fruits, nous reprenons notre route dans la direction d'un monticule escarpé que couronne le camp fortifié établi par les troupes françaises. Chemin faisant, nous recueillons, au milieu des débris de pierres, quelques silex préhistoriques, qui me rappellent que déjà en 1874 j'avais rencontré des restes analogues de l'âge de pierre sur un sol semblable, entre la Sebkha Naïl et le Djebel Bou-Hedma.

Les baraquements du bordj se trouvent à une grande élévation audessus de l'oued et la descente jusqu'au bord de celui-ci offre de grandes difficultés pour les animaux; aussi nous décidons-nous à le franchir et à établir notre camp sur sa rive gauche à proximité de l'eau et d'un terrain très herbeux où les mulets trouveront une nourriture fraîche et abondante. Toutefois le passage du cours d'eau ne s'effectue pas sans dangers, et ce n'est qu'après une heure environ d'émotions causées par la chute dans l'oued de plusieurs mules et chameaux, que nos tentes sont enfin dressées sur un plateau argilo-sableux dominant plusieurs cascades dont l'eau est beaucoup moins saumâtre que celle de la rivière chargée de sel et de sulfate de chaux provenant des terrains environnants. Nous ne devions pas moins en ressentir des effets purgatifs auxquels, durant notre séjour, personne ne fut soustrait.

La nécessité de faire reposer le convoi après plusieurs jours d'une marche fatigante, non moins que celle de mettre en ordre et d'assurer la conservation des récoltes faites depuis Sfax, nous détermine à demeurer le 22 avril au bord de l'Oued Leben dont nous avons aussi le désir d'explorer les environs; mais un violent coup de siroco, sec et énervant, en couvrant tout de sable et en nous causant un malaise général, rend ce séjour peu agréable. Ce contretemps ne nous empêche pourtant pas de parcourir les nombreux ravins dont le terrain est sillonné et de fouiller avec soin les broussailles de *Tamarix* ainsi que les massifs de Roseaux servant de repaires à de nombreuses bandes de Sangliers qui viennent pendant la nuit bouler jusqu'aux alentours de nos tentes. Nous ne négligeons pas non plus d'explorer les collines gypseuses qui s'élèvent à quelque distance de la rive gauche du cours d'eau. De nombreuses captures d'insectes et des récoltes de plantes intéressantes compensent du reste les désagréments de notre séjour à cette station dénuée de ressources.

La flore y est presque uniformément saharienne et les collines basses environnantes fournissent un certain nombre d'espèces que nous n'avions pas encore rencontrées. De ce nombre est l'*Acacia tortilis* (Gommier), qui a fait son apparition par pieds isolés, environ à un kilomètre avant d'arriver au camp établi par les troupes françaises sur la rive droite de l'oued; nous supposons du reste qu'il ne franchit pas ce cours d'eau, car, tant dans notre voyage de 1874 que dans celui-ci, nous ne l'avons jamais vu sur la rive gauche. Ce curieux arbre serait donc limité dans son habitat entre l'Oued Leben et l'Oued Baïech, tandis que beaucoup d'autres plantes de cette région, entre autres le *Rhus oxyacanthoides*, s'étendent bien en deçà ou au delà de ces deux rivières, au nord et au sud.

La liste suivante, limitée aux espèces les plus intéressantes récoltées à l'Oued Leben, donnera une idée du caractère essentiellement saharien de cette station :

Adonis dentata Delile.
Lonchophora Capiomontiana DR.
Ammosperma teretifolium Boiss.
— cinereum Hook.
Matthiola oxyceras DC. *var.* basiceras.
Helianthemum Tunetanum Coss. et Kral.
— salicifolium Pers. *var.* sessiliflorum.
Silene setacea Viv.
Erodium glaucophyllum Ait.
— arborescens Willd.
— — *var.* laciniatum.
Zygophyllum album Desf.
Fagonia Sinaica Boiss.
Astragalus tenuifolius Desf.
— Kralikianus Coss. sp. nov.
Acacia tortilis Heyne.
Retama Rætam Webb.
Reaumuria vermiculata L.
Nitraria tridentata Desf.
Deverra chlorantha Coss. et DR.
Malabaila Numidica Coss., nouveau pour la Tunisie.
Pyrethrum fuscatum Willd.
Chlamydophora pubescens Coss. et DR.
Kœlpinia linearis Pall.
Zollikoferia quercifolia Coss. et Kral.
Arnebia decumbens Coss. et Kral. *var.* macrocalyx.
Echium humile Desf.
Anarrhinum brevifolium Coss. et Kral.
Linaria laxiflora Desf.
Limoniastrum Guyonianum DR.
Plantago ovata Forsk.
Asphodelus viscidulus Boiss.

Les Sangliers, comme nous l'avons dit, sont particulièrement abondants dans les fourrés de Roseaux qui encombrent le lit de l'oued; pendant la nuit, ils font des excursions aux alentours et recherchent particulièrement les bulbes et les racines succulentes de certaines plantes. Les Gazelles et les Gerboises n'y sont pas moins communes.

L'*Œdicnemus crepitans* habite les terrains sableux et les Gangas plus particulièrement les lieux pierreux, tandis que de nombreux Traquets de plusieurs espèces hantent les buissons et que les Pigeons (Bizets) peuplent les hautes falaises à pic du bord de l'oued.

Le soir, à la lumière, nous avons pris plusieurs spécimens d'un petit Hanneton (*Pachydema xanthochroa*), que j'ai découvert en 1874, et quelques autres espèces intéressantes encore indéterminées.

Les alentours et le lit même de l'oued sont spécialement remarquables par un puissant gisement de sulfate de chaux (gypse) qui offre les variétés de structure et de coloration les plus diverses, depuis la Pierre-à-Jésus ou Fer-de-lance jusqu'aux strates fibreuses, depuis le blanc le plus pur jusqu'au rouge le plus intense. Ce gisement, qui constitue la plupart des collines voisines de l'oued, paraît s'étendre tout autour des montagnes environnantes qui forment les chaînes du Djebel Madjouna et du Djebel Bou-Hedma. Il semble recouvrir ou renfermer les dépôts de sel auxquels les eaux de cette rivière importante doivent la saveur saline prononcée qui, sur une assez grande étendue de son parcours, les rend très laxatives et presque impotables. Il existe pourtant sur les bords de l'Oued Leben des affluents peu importants et des sources qui donnent de l'eau douce ou à peu près douce.

Le 23 avril, à huit heures et demie du matin, nous levons le camp pour nous diriger sur le Ksar El-Ahmar. La traversée de l'oued ne s'opère pas avec moins de difficultés que l'avant-veille et les mêmes accidents se renouvellent. Nous franchissons tout d'abord des collines formées de couches de gypse alternant avec des couches de grès, auxquelles succède une vaste plaine désertique qui s'étend entre le Djebel Madjouna et le Djebel Madjoura. Nos soldats du train, déjà parfaitement dressés à la prise des insectes et des reptiles, se livrent, au milieu des broussailles de *Zizyphus Lotus* et d'*Anthyllis Numidica*, à une chasse active qui est dignement couronnée par la capture d'un magnifique Waran du désert (*Varanus arenarius*).

La plaine qui sépare l'Oued Leben du Ksar El-Ahmar n'offre que la végétation monotone de la région désertique sableuse; nous n'y récoltons en conséquence qu'un petit nombre de plantes offrant de l'intérêt et que pour la plupart nous retrouverons à peu près partout dans les mêmes conditions d'habitat. Citons seulement : *Notoceras Canariense*, *Reseda pro-*

pinqua, *Malva Ægyptia*, *Fagonia Sinaica*, *Rhanterium suaveolens* (beaucoup moins abondant qu'aux environs du Bir Ali-ben-Halifa), *Atractylis citrina*, *Centaurea contracta*, *Statice Thouini* var., *Caroxylum articulatum*, *Arthratherum obtusum.*

La faune devient également de plus en plus désertique. Parmi les sauriens qui foisonnent dans les broussailles basses dont la plaine est couverte, citons de nombreux *Agama inermis*, et le beau Waran, de 85 centimètres de longueur, déjà indiqué. Parmi les insectes nous noterons : *Pimelia coronata*, *Hydrosis alata*, *Onitis furcatus*. Une innombrable quantité de *Vanessa Cardui*, fraîchement éclos, donnent lieu à ce curieux phénomène connu sous le nom de pluie de sang, dû au liquide rouge répandu par la chrysalide au moment de l'éclosion.

De loin en loin, la route est jalonnée par des ruines romaines parmi lesquelles je reconnais sans peine un grand édifice carré, construit avec des blocs de gypse gris sillonnés par l'eau, que j'ai déjà signalé dans mon rapport de 1874; enfin, vers une heure du soir, après une marche rendue fatigante par la chaleur et le sable, nous dressons nos tentes à côté du grand édifice romain du Ksar El-Ahmar et des puits de 40 mètres de profondeur qui font de ce point l'un des principaux lieux de campement des colonnes et des caravanes traversant la plaine inhospitalière de la Madjoura. Nous constatons avec grande satisfaction que l'eau qu'ils fournissent, indiquée comme mauvaise par les renseignements qui nous avaient été donnés, est au contraire aussi excellente qu'abondante, tandis que celle de l'Oued Leben, signalée comme bonne, était à peine potable. Nous aurons du reste plus d'une fois dans la suite l'occasion de relever des faits semblables et nous attribuons la cause de ces erreurs, commises de bonne foi, aux variations considérables que subit le régime des sources, des rivières et des nappes d'eau souterraines par suite de l'absence ou de l'abondance alternatives des pluies, ce qui augmente ou diminue la salure des eaux du pays en raison de l'activité plus ou moins grande de la dissolution du chlorure de sodium que renferment les terrains qu'elles traversent.

Au point de vue de l'histoire naturelle, les environs du Ksar El-Ahmar ne nous offrent que peu d'intérêt, mais en revanche des vestiges nombreux d'anciens édifices, occupant un espace considérable, ne laissent aucun doute sur l'importance de la cité qui y existait au temps de l'occupation romaine. V. Guérin, dans son beau voyage archéologique, n'ayant pas suivi cette route, ne donne aucun renseignement sur le nom présumé de cette ville importante, mais, bien que j'y fusse passé de nuit, mon rapport de 1874 signale sur ce point, en le désignant comme poste militaire probable, un grand édifice carré que nous regardons aujourd'hui comme ayant été un temple détruit par le feu. Les colonnes encore debout, les corniches, l'entablement et l'appareil en gros blocs taillés avec soin attestent son origine romaine. A deux cents mètres environ de ce monument se montrent distinctement les restes d'un amphithéâtre de 55 mètres de diamètre intérieur, dont subsistent encore quelques gradins et des chambres voûtées, probablement destinées à enfermer les bêtes et les esclaves. Jusqu'à une assez grande distance, sur tout ce terrain sablonneux, ce ne sont que vestiges de maisons, restes d'édifices et débris innombrables de poteries. La configuration du sol indique un ancien lit d'oued dans lequel on reconnaît facilement les restes d'un barrage et ceux d'un vaste réservoir destiné sans doute à emmagasiner une grande quantité d'eau en vue des périodes de sécheresse. Tout en un mot révèle à Ksar El-Ahmar l'existence ancienne d'un centre considérable et fait supposer que ce pays, actuellement inculte, mais dont le sol est loin d'être stérile, a joui autrefois d'une grande prospérité. Dans la nuit, nous essuyons un violent ouragan qui nous fait croire à une température très basse, bien que le thermomètre minima accuse 10 degrés, et dès le matin le campement est levé.

Abandonnant la direction de Gafsa, nous nous dirigeons à l'est vers les hauteurs du Djebel Eddedj qui nous séparent de la plaine du Tahla. Au passage de la première ligne de basses montagnes, nous reconnaissons, dans les couches horizontales de grès qui en forment l'ossature, les carrières auxquelles les Romains ont emprunté les matériaux employés à la construction des grands édifices de l'ancienne ville où existe actuellement le puits. Les Gommiers recommencent à se montrer par pieds isolés et deviennent de plus en plus abondants à mesure que nous pénétrons dans une grande vallée limitée à l'est par des montagnes de moyenne élévation. La chasse aux reptiles, qui se montrent abondants autour des buissons, ralentit la marche du convoi; j'en profite pour gravir les flancs d'une montagne sur laquelle des arbres au feuillage d'un vert particulier excitent de loin ma curiosité; j'y reconnais bientôt le *Pistacia Atlantica;* puis, me mettant en devoir de rejoindre la colonne qui avait suivi le chemin frayé, je me prends un instant à regretter ma fugue, la descente des gradins, formés par une roche dolomitique dont les couches sont redressées vers le sud, m'offrant de sérieuses difficultés. Chemin faisant, je constate l'abondance de l'Alfa (*Stipa tenacissima*) si répandu sur les Hauts-Plateaux de l'Algérie, et je passe auprès de nombreuses femmes arabes occupées à la récolte de cette précieuse plante textile. Bientôt après, nous nous engageons dans les gorges accidentées de l'Oued Eddedj, et, descendant par un sentier encombré de gros blocs de grès et de poudingues glissants, nous arrivons, après une heure d'efforts pénibles et dangereux de nos malheureux animaux, à un lieu de campement situé auprès d'un passage à gué sur le torrent. L'eau, quoique légèrement saumâtre, y est potable, abondante et vive; elle est peuplée de batraciens et de mollusques. Un petit plateau abrité, où l'on voit encore les traces des tentes qui y ont été dressées, nous invite à nous arrêter, et nous y établissons notre campement, ne nous doutant pas que nous aurons à nous en repentir. Ample récolte est faite des Mélanies, Mélanopsides et Hydrobies qui abondent dans les eaux du torrent, ainsi que des batraciens et des insectes qui y habitent. Le reste de la soirée est consacré à l'exploration des hauteurs voisines et des rives de l'oued, dont la flore est riche et intéressante; nous sommes en plein dans la région des Gommiers et nous nous félicitons d'avoir fait halte sur ce point, mais, entre dix et onze heures du soir, alors que tout dort dans le campement, hormis les chameliers qui, comme d'habitude, veillent sur leurs animaux, un coup de feu nous réveille en sursaut, suivi de l'imprécation «kelb» (chien) et d'un appel aux armes accompagné des cris «arbis, arbis». En un clin d'œil tout le monde est sur pied, les armes à la main; nous apprenons alors de la bouche de l'un des chameliers, en termes pittoresques, «arbis ... djemel ... moi fousil ... fantasia besef!», que des Arabes ayant tenté d'enlever ses chameaux, il a tiré sur eux. La nuit étant très noire, nous ne pouvons fouiller sans danger les alentours et, après avoir fait rapprocher des tentes les chameaux et les mulets, un spahi armé est mis en faction; alors nous rentrons sous la tente, ayant soin de garder nos fusils à portée de la main. Depuis une heure environ le calme semble rétabli, lorsqu'un second coup de feu vient encore jeter l'alarme, cette fois plus sérieusement, car, les mêmes maraudeurs ayant tenté de couper la corde qui retient les mules du train, Abd-er-Rahman, le spahi de faction, nous dit avoir tiré sur l'une des formes blanches qu'il a distinguées; il prétend même avoir vu l'homme tomber, puis se relever et disparaître derrière les rochers. Cette fois la situation devient véritablement grave et nous nous tenons sérieusement en éveil, mais de ce moment, minuit à peu près, jusqu'au jour, aucun incident, si ce n'est un furieux coup de vent d'est, ne vient plus nous mettre en émoi.

Le lendemain matin, 25 avril, les investigations faites autour du campement nous font découvrir, dans un couloir qui pénètre dans la montagne, les empreintes sur le sable des pas d'une dizaine d'hommes; cependant aucune trace de sang ne nous révèle que l'un d'eux ait été atteint gravement par le coup de feu d'Abd-er-Rahman; et pourtant, en arrivant à Gafsa, nous apprîmes par divers rapports que l'Arabe sur lequel il avait fait feu était mort peu de jours après, des suites de ses blessures, dans le village de Sened auquel il appartenait. — Vers sept heures du matin, tandis que nous examinons un groupe majestueux de Gommiers, situé dans le fond de la vallée à un kilomètre environ de notre campement (le tronc de plusieurs de ces arbres, dont la tête arrondie a pris un grand développement, mesure 2m,75 de circonférence), nous sommes croisés par une bande de dix Arabes armés et de mauvaise mine, les uns à pied, les autres montés, se disant à la recherche de chevaux qui leur auraient échappé : éconduits d'abord par les hommes du campement et peu rassurés ensuite en nous voyant marcher vers eux le fusil à la main, ils gagnent rapidement la montagne et disparaissent dans le défilé de l'Oued Eddedj ; la tenue de ces hommes et leur attitude, d'abord hardie, puis embarrassée, ne nous laissent aucun doute sur leur identité avec les maraudeurs de la nuit précédente, mais nous ne jugeons ni prudent ni opportun de nous livrer à des investigations qui nous prendraient un temps plus utilement employé à poursuivre notre route vers le Bou-Hedma où nous avons hâte d'arriver. Cette aventure, bien que sans résultat fâcheux pour nous, a l'avantage de nous montrer qu'il ne faut jamais, en pays peu sûr, camper dans une gorge étroite et dominée de tous côtés. En rassemblant mes souvenirs, je me rappelle en outre que c'est justement au débouché de ce même ravin de l'Oued Eddedj dans la plaine du Tahla et près du château de Guerraouch, c'est-à-dire à quelques kilomètres plus bas, qu'en 1874 nous avons failli être attaqués par les hommes des douars campés dans la plaine, lesquels nous avaient pris pour un parti de Hammema se disposant à venir les dévaliser. A cette époque le défilé de l'Oued Eddedj était réputé comme fort dangereux et nous pouvons encore aujourd'hui voir autour de notre campement les ruines d'une sorte de retranchement, destiné sans doute à défendre ou à intercepter le passage. Il existe également, sur la hauteur qui domine le ravin à gauche, les vestiges d'un village détruit, que j'ai explorés la veille au soir.

Ksar El-Ahmar est, nous l'avons déjà dit, séparé de l'Oued Eddedj par un massif montagneux assez étroit dont les deux versants sont reliés par une plaine élevée parsemée de gros bouquets de *Tamarix* et de touffes de *Pistacia Lentiscus* et de *Zizyphus Lotus*. Sur les flancs rocheux du contrefort du Djebel Eddedj se montrent de nombreux *Pistacia Atlantica* dont la teinte vert clair contraste avec la couleur sombre des Genévriers ou glauque des autres arbustes. Quelques Gommiers rabougris, mêlés à des Amandiers, commencent à paraître dans certaines parties de la plaine, annonçant l'approche de la véritable région du Tahla.

Près de l'Oued Eddedj, la flore devient plus riche, tant sur les bords du cours d'eau que sur les pentes escarpées qui s'élèvent à droite et à gauche du ravin.

Citons parmi les espèces récoltées :

Rapistrum bipinnatum Coss. et Kral.
Reseda Duriæana J. Gay.
Erodium arborescens Willd., très abondant.
Haplophyllum linifolium Adr. Juss.
Anthyllis tragacanthoides Desf.
Paronychia macrosepala Boiss.
Ferula Vesceritensis Coss.
Deverra scoparia Coss. et DR.
Nidorella triloba DC., du Maroc et du Sinaï; n'a pas été vu en Algérie.
Cladanthus Arabicus Cass.
Amberboa Lippii DC.
Amberboa crupinoides DC.
Atractylis prolifera Boiss.?, variété, ou peut-être espèce, à très grandes fleurs d'un facies particulier.
Catananche arenaria Coss. et DR.
Carduncellus eriocephalus Boiss.
Celsia laciniata Poir.
Apteranthes Gussoneana Mik.
Sideritis montana L.
Rumex vesicarius L.
Festuca tuberculosa Coss. et DR.
Pennisetum asperifolium Kunth.
Notochlæna Vellea Desv.

Dans la traversée de la plaine qui précède l'Oued Eddedj, nous nous sommes emparés de deux exemplaires d'un magnifique saurien, *Plestiodon Aldrovandi*, aux couleurs les plus brillantes. Les autres reptiles capturés ou observés appartiennent tous aux espèces déjà rencontrées les jours précédents.

De nombreux Traquets de deux espèces distinctes (l'une noire à queue blanche, l'autre blanche à tête, ailes et queue noires) se montrent dans le défilé, où les Huppes, qui y sont particulièrement abondantes, font entendre leur cri, que l'on confondrait facilement avec celui du Coucou.

Les eaux légèrement saumâtres de l'Oued Eddedj sont peuplées de *Rana viridis* et d'innombrables mollusques des genres *Melania*, *Melanopsis* et *Paludinella* ou *Hydrobia*.

Enfin, parmi les insectes, nous avons trouvé trois ou quatre espèces encore indéterminées.

Vers dix heures du matin, nous levons le camp, et, côtoyant la base des montagnes dénudées qui relient le Djebel Eddedj au Djebel Bou-Hedma, nous descendons dans la plaine du Tahla où nous attirent de nombreux et importants groupes de Gommiers, restes de l'ancienne forêt retrouvée par moi en 1874. Je constate, non sans regret, que le nombre des arbres a sensiblement diminué malgré l'interdiction de les couper. Comme à mon premier voyage dans ce pays, notre apparition est annoncée de douar en douar par des colonnes de poussière, tourbillons factices qui sont un indice de défiance de la part des indigènes. Le sol pierreux, argileux et aride des coteaux ne nous offre d'abord qu'une flore peu variée, mais à mesure que nous descendons dans la plaine, quelques plantes nettement sahariennes, telles que *Farsetia Ægyptiaca*, *Marrubium deserti*, accompagnent ou remplacent d'autres espèces que nous avons toujours rencontrées jusque-là.

Les Gommiers (*Acacia tortilis*), dont nous avons déjà vu de magnifiques sujets au bord même de l'Oued Eddedj, deviennent beaucoup plus nombreux, formant parfois des fourrés où il est difficile de pénétrer et qui sont parsemés de vieux arbres, débris de la forêt qui devait jadis couvrir cette vaste plaine. Ils sont souvent mêlés aux buissons non moins impénétrables du *Rhus oxyacanthoides* (Damouk).

A une heure et demie nous faisons halte pour déjeuner à l'ombre d'un gros Gommier, puis reprenant notre route à travers cette longue plaine uniforme, nous établissons notre campement, à cinq heures et demie du soir, au pied des montagnes de Bou-Hedma, non loin d'un groupe de Dattiers, reste d'anciens jardins abandonnés, indiquant de loin la place de deux sources d'une eau fraîche, relativement abondante et peuplée de *Bythinies*, de *Paludinelles* et de *Paludestrines*. Le contraste de ces eaux vives avec celles plus ou moins salées ou sulfureuses auxquelles nous avons dû nous habituer, et la situation de notre campement d'où la vue domine toute la plaine couverte par les têtes arrondies des Gommiers et s'étend jusqu'à la nappe argentée de la Sebkha Naïl qui la limite à l'est, font de ce point un lieu relativement enchanteur et nous confirment dans notre intention d'y consacrer plusieurs jours. Du reste les gorges et la montagne de Bou-Hedma, signalées lors de ma première visite en 1874 par la découverte de quelques plantes très intéressantes et d'un *Helix* (*H. Doumeti* Bourg.), nouveau alors, mais retrouvé par nous en 1883 et 1884 sur un grand nombre de points de la Régence, étaient spécialement désignées à notre attention.

Le 26 avril, nous consacrons la matinée à l'exploration des environs immédiats du campement et des sources, où il est fait ample récolte de plantes, de mollusques, de reptiles, auxquels il faut ajouter quelques mammifères qui se montrent à nous pour la première fois. Nous constatons la nature calcaire des eaux par des tufs récents remplis de débris de végétaux et de mollusques identiques à ceux qui y vivent actuellement.

Dans l'après-midi, nous nous dirigeons vers l'Oued Cherchara, et, remontant son cours, nous nous engageons dans les gorges d'aspect sauvage et étrange qui s'enfoncent au pied de l'amphithéâtre formé par l'écroulement de la masse gypseuse du Bou-Hedma. Un couloir étroit livre seul passage à un cours d'eau fortement salé qui se perd à quelques kilomètres plus loin dans la vaste dépression sans issue qui forme l'importante Sebkha Naïl.

L'entrée du cirque de Bou-Hedma est fermée par une muraille naturelle de roches peu épaisses dont les couches plongent verticalement. Une ouverture en forme de fenêtre a été pratiquée dans la roche et d'importants vestiges de constructions et d'aqueduc romains existent encore sur la rive droite du ruisseau qui sort d'un vaste marais couvert de roseaux, repaire de nombreuses troupes de Sangliers. Le centre du cirque est occupé par une succession de terrasses, dont l'ensemble forme une véritable montagne terminée par une crête dominant à pic le ravin profond qui la sépare du reste du massif. C'est le fait d'un écroulement qui a produit un chaos des plus étranges au milieu duquel les bancs de calcaire dolomitique, de grès et de gypse se sont enchevêtrés et produisent, en se désagrégeant, les amas de sables et d'argiles de différentes couleurs qui forment des terrasses échelonnées. Le sel se montre un peu partout entre les couches de gypse mises à nu par les érosions dues aux pluies torrentielles. Tout autour se dressent brusquement jusqu'à une hauteur considérable les parois du cirque, laissant voir, en place et dans une position presque horizontale, les mêmes strates qui sont verticales dans la montagne centrale; il résulte de cette disposition des roches un site de l'aspect le plus étrange.

Les gorges et le cirque offrent l'image de la désolation; c'est un paysage dans lequel tout est sévère et de plus en plus lugubre à mesure que l'on s'enfonce dans les méandres du ravin; on se figure être à l'entrée de l'enfer décrit par l'imagination féconde du Dante. La flore du ravin est celle des terrains salés; les *Tamarix*, les *Statice*, les Salsolacées, etc., y règnent en maîtres et contribuent par leur feuillage grisâtre à augmenter la tristesse de cette solitude qui demanderait à être explorée plus à fond que ne nous permet de le faire le long parcours que nous avons encore à accomplir avant d'arriver à Gafsa.

Malgré le désir que nous avons de pénétrer plus avant dans ces gorges mystérieuses dont nous cherchons vainement l'extrémité, nous devons songer à la retraite, que nous effectuons en gravissant la montagne intérieure et en descendant ensuite de terrasse en terrasse jusqu'à l'entrée de la gorge. Ce trajet a l'avantage de nous faire constater la succession des zones végétales, depuis la flore monticole jusqu'à celle des terrains salés du fond du ravin.

Nous citerons, entre autres plantes récoltées sur les pentes et dans le ravin de Bou Hedma :

Farsetia Ægyptiaca Turr.
Reseda stricta Pers.
Erodium arborescens Willd.
— glaucophyllum Ait.
Zygophyllum album Desf.
Rhus oxyacanthoides Dum.-Cours.
Acacia tortilis Hayne.
Reaumuria vermiculata L.
Senecio coronopifolius Desf.
— Decaisnii DC.
Pulicaria Arabica Cass. *var.* longifolia.
Nidorella triloba DC.
Pyrethrum macrocephalum Coss. et DR., trouvé par la Mission de 1883 à Sidi-el-Hani.
Rhanterium suaveolens Desf.
Asteriscus pygmæus Coss. et DR.
Calendula stellata Lov. *var.* hymenocarpa Coss.
Atractylis citrina Coss. et Kral.
— prolifera Boiss., même variété qu'à l'Oued Eddedj.
Zollikoferia quercifolia Coss. et Kral., abondant.

Zollikoferia angustifolia Coss. et DR.
Microrhynchus nudicaulis Cass.
Coris Monspeliensis L.
Limoniastrum Guyonianum DR.
Statice globulariæfolia Desf.
— pruinosa L.
Caroxylon tetragonum Moq.-Tand.
Atriplex mollis Desf.
Echinopsilon muricatus Moq.-Tand.
Rumex vesicarius L.
Euphorbia Bivonæ Steud.
— glebulosa Coss. et DR.
Juncus maritimus Lmk.
Arthratherum ciliatum Nees.
Digitaria commutata Schult.

Sur les Gommiers morts, on trouve plusieurs espèces d'insectes intéressantes, entre autres un Bupreste qui vient d'être décrit par M. Mayet sous le nom d'*Acmæodera Acaciæ*. Au Bou-Hedma même, on rencontre un *Melasoma* non décrit, voisin des *Ocnera*, et rapporté déjà de Gafsa par MM. Sédillot et Léveillé en 1883. Un *Opatrum* trouvé en grande abondance au campement de la Source des Palmiers (Aïn Cherchara) paraît aussi être nouveau.

La particularité la plus intéressante du Djebel Bou-Hedma nous paraît être le cataclysme qui y a mis à nu, sur une hauteur de cinq à six cents mètres, les innombrables strates de gypses diversement colorés, de calcaires, de dolomies et de grès, qui forment l'ossature de la montagne. Surpris d'abord par l'étrangeté de ces escarpements abrupts, bariolés de gris, de blanc, de jaune et de rougeâtre, l'observateur ne tarde pas à y voir le résultat d'un effondrement et le glissement d'une grande partie de la montagne, sans doute précédemment de forme arrondie. Cette énorme masse détachée forme actuellement au milieu du cirque une véritable montagne circonscrite par un profond ravin circulaire servant de lit à un torrent dont les deux branches viennent se réunir à l'entrée de la gorge; celle-ci est barrée par un grand rocher peu épais, simulant une muraille, et qui n'est autre qu'un lambeau de strate planté verticalement en travers de l'ouverture. A gauche, derrière ce rocher, un assez vaste marais, incessamment comblé par les débris de la montagne, laisse échapper des eaux sulfureuses et salées, parfois chargées d'oxyde de fer. Le lit du bras droit du torrent est formé de couches gypseuses assises horizontalement les unes sur les autres en manière de marches d'escalier; des traces de sel gemme se montrent sur plusieurs points parmi ces couches dont la surface est plus ou moins couverte d'efflorescences salines. Tandis que les pentes de la montagne centrale présentent des amas de sable alternativement gypseux, dolomitique ou siliceux, et que le sommet est couvert de débris de grès, les falaises abruptes qui forment le cirque montrent la superposition normale des couches; d'abord les strates peu épaisses, mais multiples des gypses de diverses couleurs, puis celles plus puissantes des calcaires et des dolomies, et en dernier lieu les grès qui couronnent le tout. Le nouvel examen que j'ai fait de la disposition de ces couches dans les diverses parties de ce curieux massif m'a pleinement confirmé dans l'hypothèse que j'avais émise dès 1874, à savoir que c'est par la dissolution de masses importantes de sel gemme situées au-dessous des strates peu épaisses et friables de gypse qu'ont dû se produire l'effondrement de ces couches et le glissement d'une portion de la montagne dans le cirque.

Les journées du 26 et du 27 avril fournissent, outre les espèces trouvées le 25, de nombreux *Pimelia Tunetana* Fairm., espèce décrite d'après les exemplaires que j'ai rapportés en 1874. Signalons enfin, dans les Orthoptères, une excessive abondance de l'*Eugaster Guyonii*, curieuse espèce qui se trouve principalement dans les endroits pierreux.

En malacologie, nous devons mentionner, dans les eaux douces d'Aïn Cherchara, la présence d'un *Paludinella* ou *Hydrobia* et d'un *Physa*, et, sur les buissons et les parties rocheuses, l'*Helix Doumeti* déjà indiqué.

Bien que par suite du mauvais temps (pluie froide) que nous avons subi, les reptiles se soient montrés rares au Bou-Hedma, nous avons à citer, outre un Geckotien nouveau pour la Tunisie (*Tropidocalotes Tripolitanus*), pris sous une pierre, une Couleuvre très rare (*Cœlopeltis productus*) et un *Psammophis sibilans*. La première de ces espèces, décrite par Paul Gervais sur deux exemplaires de Biskra, n'avait plus été retrouvée en Barbarie, mais avait été signalée aussi en Égypte.

Les mammifères paraissent nombreux dans ces parages; le Sanglier habite les gorges; on y rencontre des traces d'Hyènes et de Chacals, et nous avons été intrigués par celles d'un petit félin dans le haut de la gorge de l'Oued Cherchara. Le Gundi (*Ctenodactylus Gundi*), appartenant à un genre voisin des Marmottes, dont nous tuons deux individus, est très abondant dans les rochers; enfin nous y faisons la capture d'un intéressant insectivore à trompe, le *Macroscelides Rozeti*.

En ornithologie, nous signalerons des Aigles (*Aquila fulva*, sans doute) et d'autres rapaces qui n'y sont pas moins abondants que les Perdrix (*Perdix Gambra*), divers Traquets et des Tourterelles.

Pendant la nuit du 26 au 27, nous sommes assaillis par un coup de vent des plus violents accompagné d'une pluie torrentielle; plusieurs piquets de nos tentes sont arrachés et nous craignons à tout instant de voir enlever les tentes elles-mêmes. Le vent et la pluie persistent pendant toute la journée du 27 et nous devons renoncer à notre projet de course sur les sommets, nous bornant à l'exploration des environs immédiats du campement restés praticables en raison de leur élévation au-dessus de la plaine, alors que celle-ci est recouverte entièrement d'une épaisseur de plusieurs décimètres d'eau et que les torrents démesurément gonflés roulent avec fracas d'énormes pierres. Dans l'après-midi, la pluie prend des proportions de plus en plus inquiétantes; les rigoles de circuit ne suffisent plus, l'eau envahit nos tentes et le vent de sud-sud-ouest, soufflant en tempête, renverse celle des hommes de notre escorte. Triste journée, que nous supportons tous cependant avec entrain et résignation. Toutefois, à quelque chose malheur est bon; car le terrain, lavé par les eaux, nous fournit une ample récolte de silex taillés qui gisent autour et dans les anfractuosités de gros blocs de pierre ayant formé, comme on le reconnaît facilement, les enceintes d'un vaste atelier préhistorique, le premier que nous ayons encore rencontré. Il serait important d'explorer la montagne, car, près des sources, l'existence d'une caverne creusée dans le roc nous porte à croire que nous en rencontrerions d'autres moins fréquentées par les Arabes et qui peuvent recéler encore des restes intéressants. Quelque attrayante que soit cette perspective, nous devons cependant y renoncer, car le temps affreux qui persiste rend impossible toute tentative d'exploration tant soit peu éloignée.

D'après l'itinéraire combiné à Sfax, nous devons partir du Bou-Hedma le 28, traverser la plaine du Tahla du nord au sud, aborder le Djebel Sened et le franchir pour aboutir sur le versant nord-ouest à la source d'Aïn Segoufta, réputée pour l'abondance et la bonne qualité de ses eaux; mais cette partie du pays étant inconnue de nos indigènes et, ne voulant pas, si possible, repasser par les gorges de l'Oued Eddedj, j'avais jugé prudent d'expédier l'avant-veille un de nos spahis au poste des Aïeïcha, distant de 50 à 60 kilomètres, pour demander des indications sur le pays et même un guide si on pouvait nous le fournir. Alors que nous commençions à concevoir des craintes sur le sort de notre envoyé que le mauvais temps avait empêché de revenir dès la veille au soir, il rentre porteur d'une lettre du capitaine d'Assailly, disant qu'il nous faut forcément reprendre la route de l'Oued Eddedj ou, ce qui serait plus avantageux pour la Mission, gagner les Aïeïcha, d'où nous nous dirigerions ensuite sur le point indiqué, par Ksar Ceket et Bled Sened. Bien que ce nouvel itinéraire doive retarder de plusieurs jours notre arrivée à Gafsa, nous n'hésitons pas à l'adopter, car il nous permettra de renouveler aux Aïeïcha notre provision de pain qui, épuisée depuis deux jours, est remplacée par du biscuit, et nous fera traverser une portion du pays encore vierge d'explorations scientifiques. La colonne se met donc en marche le 28, vers une heure du soir, par un temps magnifique, mais non sans encombre, car l'un de nos cinq chameaux, chargé d'une manière inégale, s'abat lourdement et occasionne par sa chute de nombreux dégâts dans la caisse renfermant les bocaux de reptiles. L'émotion une fois calmée et le mal en partie réparé, on se met en marche après une heure de retard.

Laissant à notre droite l'Oued Eddedj et le château de Guerraouch, nous nous dirigeons sur la montagne des Ouled Mansour, séparée de celles des Aïeïcha par le col d'El-Affaï, en passant à proximité de plusieurs douars où nous sommes accueillis amicalement; l'un d'eux est en fête à l'occasion d'un mariage et un de nos spahis, voulant participer à la fantasia, fait une culbute avec son cheval dans le gourbi même de la mariée; il ne se fait aucun mal, mais casse le fusil que je lui avais confié.

Renseignés par les indigènes sur le point où se trouve un redir auprès duquel nous devons passer la nuit, nous laissons cheminer tranquillement le convoi et, à six heures du soir, nous faisons une pointe vers un important massif de Gommiers qui nous paraissent de dimension exceptionnelle; les arbres que nous mesurons successivement atteignent jusqu'à 3m,75 de circonférence, avec un développement de branchage pouvant atteindre 12 à 15 mètres de diamètre; ce sont les plus gros sujets que nous ayons encore rencontrés, mais là encore nous avons le regret de constater qu'ils ne sont pas à l'abri du vandalisme des exploiteurs, car nous y trouvons encore les instruments et les installations des bûcherons, lesquels ne sont autres que les fournisseurs de bois de l'administration et de l'armée, ainsi que nous devions nous en convaincre dès le lendemain au poste des Aïeïcha où gisaient encore de grosses piles d'arbres de cette essence rare et curieuse. L'exploitation en est du reste toute récente et peut-être même en cours, si nous en jugeons par quelques gros pieds étendus sur le sol et encore pleins de sève; cependant nous rappelons que l'abatage de ces arbres est interdit formellement par un décret beylical ainsi que par des ordres précis de l'administration française. Tandis que l'un cueille des échantillons fructifères de Gommier, que l'autre mesure la grosseur des troncs et que le troisième soulève leurs vieilles écorces pour y trouver des insectes, la nuit nous surprend et nous force à retourner dans la direction suivie par notre caravane; mais, hélas! ce n'est pas chose facile que de retrouver la piste de celle-ci, et nous sommes bientôt complètement égarés au milieu de cette vaste plaine uniforme, errant à l'aventure sans que rien puisse nous indiquer la route suivie par nos chameliers pour gagner le lieu de campement.

Depuis plus d'une heure et demie, nos hèlements et nos coups de sifflet étant demeurés sans réponse, nous nous voyons menacés de passer la nuit sans abri et sans nourriture; cependant un imperceptible point lumineux a surgi à l'horizon; nous cheminons avec assurance vers ce phare minuscule, lorsqu'il disparaît subitement, nous laissant de nouveau dans l'anxiété; mais bientôt un second foyer plus fort, un vrai feu cette fois, vient frapper nos regards dans une direction sensiblement différente. Nul doute, c'est le feu du campement et nous hâtons la marche de nos montures; hélas, non, car les aboiements furieux des chiens nous révèlent la proximité d'un douar dont la prudence commande de ne point s'approcher à une heure aussi indue pour les habitants du désert; peu s'en faut que le découragement nous gagne, quand heureusement le galop d'un cheval et une voix amie que nous reconnaissons viennent enfin nous rassurer; nous n'étions plus qu'à deux ou trois cents mètres du redir au bord duquel étaient déjà dressées les tentes, et la voix était celle de notre dévoué spahi Abd-er-Rahman, lancé au galop à notre recherche. Il est déjà dix heures du soir, mais tout est bien qui finit bien, et le lieu de campement, abondamment pourvu d'une eau excellente, nous semblerait un coin du paradis terrestre, si de trop nombreux moustiques n'y venaient troubler notre sommeil.

Le trajet effectué dans la plaine du Tahla et le campement auprès du redir du même nom nous ont permis d'ajouter aux listes précédentes les quelques espèces suivantes : *Farsetia Ægyptiaca* var. *ovalis*, *Lythrum thymifolium*, *Anarrhinum brevifolium*, *Marrubium deserti*, *Teucrium campanulatum*, *Verbena supina*, *Euphorbia cornuta*.

Les Gommiers sont particulièrement beaux lorsque l'on approche du Redir El-Tahla; on en rencontre un assez grand nombre dont le tronc ne mesure pas moins de 4 mètres de circonférence et dont la tête forme une masse arrondie ou tabulaire de 10 à 12 mètres de diamètre. Malheureusement beaucoup de ces beaux sujets ont été détruits depuis l'occupation française. Si l'on considère que le repeuplement n'a pas lieu, en raison de la rareté des graines détruites par un insecte du genre *Bruchus* et surtout de l'habitude qu'ont les indigènes de couper même les jeunes arbres pour se procurer du bois, et enfin des dégâts journellement faits par le pacage des troupeaux, on peut craindre la disparition, à bref délai, de cette essence curieuse et si précieuse dans une contrée où elle forme l'élément principal du boisement.

On retrouve dans tout le Bled Tahla les mêmes insectes que nous avons déjà signalés sur les Gommiers, plus de nombreuses espèces vésicantes, surtout des Mylabres, sur les fleurs des Composées, et le *Pimelia simplex* qui se trouve partout. Les mammifères que nous y avons rencontrés sont le Gundi, des Gerboises en quantité innombrable, la Gazelle, qui y est abondante, le Lièvre (*Lepus Ægyptius*). Les oiseaux sont les mêmes que ceux observés les jours précédents, en y ajoutant de nombreux Gangas. Nous observons, en outre, ce fait particulier, déjà indiqué par moi en 1874, de l'habitat en société par centaines sur les mêmes arbres, où les nids forment de véritables colonies, et principalement sur les Gommiers, du Moineau espagnol (*Fringilla Hispaniolensis*).

Le 29 avril, nous sommes sur pied de bon matin, admirant par un ciel splendide la beauté des herbages que nos bêtes de charge apprécient à un point de vue beaucoup plus pratique; le temps est très frais (+4°,6 au thermomètre minima); une rosée abondante couvre la plaine, les reptiles et les insectes foisonnent, et pour rendre le site plus attrayant encore, un vénérable Gommier, non moins remarquable par le développement des branches que par la grosseur du tronc, se dresse en face de nous, de l'autre côté du redir. Séduit par la beauté de ce sujet d'une essence qui marque dans les souvenirs de mes voyages dans le Nord-Afrique, j'en prends rapidement un croquis, puis l'observation barométrique quotidienne étant faite, vers huit heures du matin nous nous remettons en route pour le poste des Aïeïcha. Le point où nous avons passé la nuit est situé à l'extrémité sud de la plaine du Tahla, non loin du col d'El-Affaï par lequel passe la route de Gabès aux Aïeïcha, route que nous ne tardons pas à rejoindre. En 1874 j'avais campé non loin de là, à quelques kilomètres plus à l'ouest, et nous y avions eu les honneurs d'une fantasia exécutée par cent cavaliers et deux cents fantassins appartenant à trois douars réunis, lesquels avaient bien failli commencer par nous accueillir à coups de fusil. Ajoutons que parmi les gens des douars que nous avons rencontrés la veille, il en est qui se sont rappelé notre passage à cette époque.

Le pays que nous traversons avant de rejoindre la route de Gabès est parsemé de moissons dont le développement a été particulièrement favorisé par les pluies exceptionnelles de cette année, de pacages et de monticules pierreux sur lesquels nous trouvons de nombreux silex taillés. Quelques Gommiers se montrent encore et nous observons le dernier à la rencontre d'un ravin qui débouche près de la route dans la longue et étroite vallée d'El-Aïeïcha. La vallée est enserrée entre deux chaînes de montagnes formées l'une et l'autre par une succession de petits pics pointus et inclinés les uns sur les autres comme des capucins de carte; la curieuse forme de ces montagnes est due au redressement prononcé vers le sud et à la superposition des couches de gypse, de calcaire, de dolomie et de grès, dont chacune forme une crête en dent de scie. On a signalé dans ces reliefs montagneux, entre autres fossiles, des Échinides, mais nous n'avons pas pu en recueillir d'échantillons. Ils renferment aussi des nodules de silex qui ont dû être employés jadis à la confection des instruments préhistoriques que nous rencontrons partout. La chaîne de gauche est assez élevée; celle de droite, plus basse, semble avoir été séparée de la première.

La flore commence à se modifier à mesure que nous montons; en même temps que disparaît le Gommier, réparaissent l'Olivier et le Figuier qui manquent absolument dans la plaine du Tahla, et, dès que nous sommes rentrés dans les montagnes, la faune entomologique prend un caractère spécial. L'*Eugaster Guyonii* nous accompagne toujours et nous signalerons avec lui un autre Orthoptère intéressant, le *Pamphagus marmoratus*, sorte de gros Criquet aptère. Parmi les Coléoptères : *Pimelia Tunetana*, *P. simplex*, *Adesmia Biskrensis* (Mélasome de montagne), et un gros Charançon rare dans les collections, *Cleonus Heros*, qui court sur le sol en plein soleil.

Du point de rencontre de la route, nous ne cessons de monter sur une longueur d'environ 18 kilomètres, jusqu'au col d'El-Aïeïcha, passant et repassant à diverses reprises le torrent dont le lit est presque partout sans une goutte d'eau. Près du col, la végétation devient plus abondante; des jardins complantés de Figuiers vigoureux et entourés de haies d'*Opuntia* bordent la route. Le baromètre Fortin marque une différence de 43 millimètres avec l'observation faite au redir où nous avions campé, soit environ une altitude de 520 mètres en plus.

Le col d'El-Aïeïcha est aujourd'hui un poste important d'occupation, où réside une compagnie de discipline; il commande le passage le plus fréquenté de tout le massif montagneux situé entre la plaine de Cegui et celle du Bled Tahla. Dans un voyage moins rapide que celui que nous avons à accomplir, ce serait un centre d'exploration intéressant et commode, d'où il serait possible de rayonner sur un espace de pays très étendu. Cette localité élevée présente à la fois des plantes de la montagne et des espèces des régions basses et chaudes.

Nous croyons superflu de donner ici, en raison de son étendue, la liste complète des espèces observées ou récoltées dans les montagnes des Aïeïcha ou aux abords immédiats de cette station visitée déjà par moi en 1874; elle m'avait donné à cette époque un certain nombre de bonnes plantes dont quelques-unes n'avaient pas été recueillies depuis Desfontaines. Nous citerons seulement parmi les récoltes de cette année :

Ceratocephalus falcatus Pers.
Adonis dentata Delile.
Sisymbrium runcinatum Lag.
— torulosum Desf.
Enarthrocarpus clavatus Delile.
Moricandia suffruticosa Coss. et DR.
Reseda Duriæana J. Gay.
Onobrychis Crista-galli Lmk.
Malabaila Numidica Coss.
Ferula Vesceritensis Coss. et DR.
Micropus bombycinus Lag.
Calendula gracilis DC.
Anchusa hispida Forsk.
Echinospermum Vahlianum Lehm.
Cynoglossum cheirifolium L.
Asperugo procumbens L.
Beta macrocarpa Guss.

Les officiers du poste nous ont communiqué aussi quelques renseignements sur les mammifères : le *Ctenodactylus Gundi* est très abondant dans ces parages où vivent également le Porc-épic (*Hystrix cristata*), le Mouflon-à-manchettes ou Arroui des Arabes (*Ovis Tragelaphus*) et la Hyène (*Hyæna striata*). Nous avons aussi la chance d'examiner une peau de Guépard (*Felis jubatus*) provenant du Nefzaoua.

Malgré la cordiale hospitalité que nous recevons des officiers du poste, notamment de MM. les capitaines Grangent et d'Assailly, nous devons nous borner à quelques récoltes autour du campement, voulant consacrer le plus de temps possible à nos recherches dans les pays encore inexplorés que nous devons traverser pour nous rendre à Gafsa, les Djebels Ceket, Sened et Segoufta, mais nous ne négligeons pas de procéder à la vérification des instruments de météorologie confiés au médecin militaire attaché à l'ambulance. Nous voyons avec satisfaction que les observations sont faites avec soin, bien que nous constations un écart de près de 7 millimètres au Fortin n° 756 (Salleron), différence qui provient sans doute de la perte d'une partie du mercure pendant le transport de l'instrument. Nous devons aux recherches botaniques auxquelles nous nous livrons avant de partir plusieurs espèces que nous n'avons pas encore rencontrées ou qui ont cessé de se montrer depuis notre départ de Sfax, entre autres l'*Onopordon Espinæ* que nous n'avons pas revu depuis Sidi-bou-Aguereb. Cette intéressante Carduacée semble associée aux cultures permanentes, notamment à celle de l'Olivier; or, au col d'El-Aïeïcha, cet arbre est non moins abondant que le Figuier, qui y donne des fruits réputés pour leur qualité.

Le 30, à une heure du soir, la Mission prend congé des officiers du poste et se dirige sur le Ksar Ceket par la vallée opposée à celle qu'elle a suivie pour arriver au col. Le terrain, sur ce versant, est beaucoup plus humide; l'eau suinte en beaucoup d'endroits et nous faisons halte auprès d'un puits qui fournit à la garnison une eau pure et abondante. La végétation se ressent de cette humidité permanente du sol; aussi la route que nous suivons, laquelle n'est autre que celle de Gafsa par El-Guettar, traverse-t-elle des coteaux couverts de broussailles. Une ombellifère (*Malabaila Numidica*), à fleurs jaune d'or, se montre avec profusion, et le joli *Hedysarum carnosum* fait son apparition presque en même temps.

Tournant à l'ouest, nous quittons les coteaux pour traverser une grande plaine qui sépare les montagnes des Aïeïcha du Djebel Arbet qui se relie au Djebel Ceket et au Djebel Sened par une gigantesque muraille de rochers inaccessibles; puis, prenant une direction nord-est, nous entrons dans une large vallée fermée à son extrémité par les montagnes de Ceket, ayant à notre droite un chaînon secondaire couronné par une série de crêtes dentelées dont les rochers sont perforés de grands trous dus probablement à des rognons de silex ou des géodes qui se sont détachés de la masse dans laquelle ils étaient enchâssés. Des vestiges d'enceintes, auprès desquels nous rencontrons quelques silex taillés, nous arrêtent un moment sans nous détourner de notre route, et vers six heures, nous faisons notre entrée au Ksar Ceket, village considérable, bâti au pied et sur le flanc d'une colline fortifiée jadis, comme l'indiquent des restes de murs d'enceinte et les ruines d'un château et d'une tour juchés au sommet de la montagne. Ksar Ceket, qui commande un passage analogue à celui du col d'El-Aïeïcha, a dû avoir une assez grande importance dans les temps passés. Actuellement, c'est un village berbère entouré comme ceux d'Algérie de nombreux jardins relativement soignés et bien cultivés par une population intelligente et tout à fait sédentaire. Dès notre arrivée, nous sommes entourés par la foule des indigènes attirés par le désir de voir les « Francis », et reçus cordialement par le cheïkh, désireux de se conformer aux recommandations des officiers du poste d'El-Aïeïcha.

Nous voici au 1er mai; la nuit a été très froide, et à cinq heures et demie du matin, le thermomètre frondé marque seulement 8°,5, mais nous ne pouvons savoir quelle a été la température minima, ayant jugé imprudent de risquer un thermomètre à index au milieu des nombreux indigènes qui n'ont cessé d'entourer nos tentes pendant toute la nuit. Toutefois, nous pouvons conclure de l'observation du matin que le climat du Ksar Ceket est loin d'être aussi chaud que pourrait le faire supposer la présence de nombreux Dattiers dans les jardins.

La matinée est laborieusement occupée par la préparation des récoltes faites les jours précédents et par les trop nombreuses consultations demandées au docteur Bonnet par les malades qui envahissent littéralement notre tente. Seul le départ, qui s'effectue à midi, peut mettre un terme à cette affluence importune de visiteurs. Du reste, il ne serait pas prudent de s'attarder plus longtemps au Ksar Ceket. Nous avons été prévenus que le trajet de ce point à Bled Sened est hérissé de difficultés, ce dont nous pouvons bientôt nous convaincre, car à moins d'une demi-heure de marche, nous sommes forcés d'opérer le déchargement des mulets pour faire effectuer le transport des bagages par les chameaux, qui seuls peuvent franchir avec leur charge les strates inclinées de calcaire glissant qui occupent le chemin sur une longueur d'environ un kilomètre. Ce ralentissement forcé dans la marche du convoi a du moins l'avantage de nous permettre de fouiller à loisir de riches bancs de fossiles superposés à un calcaire noirâtre compacte renfermant des Huîtres et des Pernes de grandes dimensions. L'entomologie et la botanique y trouvent aussi leur compte, car, tandis que M. Valéry Mayet recueille de nombreux insectes, nous pouvons récolter une foule de plantes intéressantes, notamment, dans les fentes de rochers, le rarissime *Teucrium ramosissimum*, que dans les montagnes des Aïeïcha, le premier depuis Desfontaines, j'avais retrouvé, en 1874, en Tunisie.

La flore du Ksar Ceket ne diffère pas sensiblement de celle des Aïeïcha; ces deux localités sont du reste à peu de distance l'une de l'autre. Nous n'y signalerons que le *Rœmeria hybrida*, le *Biscutella auriculata* et le *Lavatera maritima;* mais à quelque distance de ce point, les montagnes changeant de nature et d'aspect, les pentes escarpées qui avoisinent le piton d'El-Biada deviennent très riches. Les légumineuses buissonnantes y sont particulièrement abondantes, notamment l'*Erinacea pungens* qui s'y montre à fleurs bleues ou blanches, et les *Genista* épineux (*G. aspalathoides*, *G. tricuspidata*). Les *Cistus* reparaissent également comme dans les montagnes situées plus au nord, entre autres le *C. Clusii*.

Nous y avons aussi récolté :

Sisymbrium coronopifolium Desf.
Alyssum Granatense Boiss. et Reut.
Cistus Clusii Dun.
Silene tridentata Desf.
— muscipula L.
— setacea Viv.
Dianthus *sp.*
Haplophyllum tuberculatum Adr. Juss.
Galium setaceum Lmk.
— petræum Coss. et DR.
Gymnarrhena micrantha Desf.
Atractylis citrina Coss. et Kral.
Centaurea pubescens Willd.
Campanula Atlantica Coss. et DR.
Linaria laxiflora Desf.
Anarrhinum brevifolium Coss. et Kral.
Teucrium ramosissimum Desf.
Plantago albicans L.
Euphorbia calyptrata Coss. et DR.
Scilla villosa Desf.
Gagea reticulata Rœm. et Schult.

Les montagnes voisines du Ksar Ceket sont particulièrement curieuses : une crête de calcaires dolomitiques fortement redressés présente, comme nous l'avons dit plus haut, les dentelures les plus bizarres, et montre une infinité de trous dus au détachement de rognons de quartz parfois géodiques, qui sont encastrés dans la roche. Ce sont évidemment ces rognons de silex qui ont fourni aux habitants de l'époque de la pierre taillée les matériaux qui leur ont servi à confectionner les innombrables instruments, couteaux, grattoirs, haches, etc., que l'on rencontre sur un si grand nombre de points.

Au nord-ouest du Ksar Ceket, les montagnes sont formées de couches fortement inclinées et relevées vers le sud-est, constituées par des calcaires gris foncé très durs renfermant des Huîtres et des Placunes. Des couches de marnes feuilletées alternent avec ces calcaires durs et laissent échapper par milliers des fossiles marins, Huîtres, Térébratules, Cérites et autres genres qui jonchent le sol. Ce terrain, qui appartiendrait au cénomanien, d'après M. Rolland, renferme entre autres espèces, *Ostrea flabellata*,

O. Delestrei, *O. Nicaisei*, *O. Overweigi* var. qui appartient habituellement à l'étage sénonien. Enfin, au Djebel Sened, nous avons trouvé le *Strombus Mermeti*, non caractéristique, mais souvent cénomanien. Les sommets de cette chaîne sont formés de dolomies et de grès superposés aux calcaires.

Tandis que se fait le rechargement de nos mulets, opération toujours assez laborieuse, M. Bonnet et moi gravissons le pic d'El-Biada, couronné par un ancien village fortifié à l'instar des châteaux féodaux. Ce pic, isolé entre deux cols qui font communiquer la vallée de Ceket avec une autre vallée se dirigeant vers l'ouest, n'est accessible que par une sorte de chemin de ronde, intercepté par les restes de plusieurs poternes. L'enceinte terminale, dans laquelle nous pénétrons malgré les assauts furieux de plusieurs chiens arabes, est habitée par une famille de chevriers à peine vêtus de quelques guenilles et vivant avec leurs femmes et leurs enfants dans une malpropreté repoussante. Bientôt convaincus par notre attitude de nos intentions bienveillantes, ces pauvres gens nous offrent du lait que nous payons de quelques caroubes, à la grande satisfaction des femmes et des enfants.

El-Biada est un point fort intéressant sous bien des rapports. L'observation que nous y faisons au baromètre Fortin nous permet d'attribuer au point culminant de cette forteresse, maîtresse absolue du passage, une altitude de 780 mètres. A partir de ce point, le chemin des plus scabreux que nous suivons côtoie le flanc nord-est du Djebel Sened. La vue embrasse toute la plaine du Tahla et s'étend au sud jusqu'au Chott El-Fedjedj, au delà des sommets du Djebel Berd et des montagnes qui bordent le chott au nord. Quoique dépourvue de grands arbres, la montagne est boisée et la végétation, variée et entièrement monticole, rappelle beaucoup celle des montagnes relativement basses du cap Bon, en y ajoutant quelques espèces d'un caractère plus méridional.

Sur le Djebel Sened, qui succède immédiatement au pic d'El-Biada, la flore s'enrichit encore; nous en donnerons une liste assez étendue en y joignant les plantes récoltées autour du Bled Sened :

Matthiola parviflora R. Br.
Alyssum Granatense Boiss. et Reut.
Cistus Clusii Dun.
Helianthemum lavandulæfolium DC.
Fumana viscida Spach.
Reseda Duriæana J. Gay.
— lutea L.
— alba L.
Gypsophila compressa Desf.
Silene muscipula L.
Dianthus *sp.*
Malva parviflora L.
Ononis ornithopodioides L.
— Sicula L.
Anthyllis Numidica Coss. et DR.
Astragalus tenuifolius Desf.
— cruciatus Link.
Erinacea pungens Boiss.
Genista cinerea DC.
Trigonella Monspeliaca L.

Ebenus pinnata Desf.
Herniaria fruticosa L.
Paronychia nivea DC.
Rhodalsine procumbens J. Gay.
Hippomarathrum pterochlæmum Boiss.?
Galium petræum Coss. et DR.
— setaceum Lmk.
Callipeltis Cucullaria Stev.
Anacyclus clavatus Pers.
Micropus bombycinus Lag.
Centaurea Melitensis L.
— pubescens Willd, nouveau pour la Tunisie.
Atractylis cancellata L.
Calendula arvensis L.
— stellata Cav. *var.* hymenocarpa Coss.
Campanula Atlantica Coss. et DR.
Campanula Erinus L.
Echinospermum Vahlianum Lehm.
Orobanche cernua Lœfl.
Celsia laciniata Poir.
Teucrium Pseudochamæpitys L.
— ramosissimum Desf.
Sideritis montana L.
Ajugá Iva Schreb.
Thymus Algeriensis Boiss. et Reut.
Plantago albicans L.
— Psyllium L.
Thymelæa nitida Endl. *var.*
Euphorbia glebulosa Coss. et DR.
— falcata L.
Andrachne telephioides L.
Juniperus Phœnicea L.

Du Ksar Ceket au Bled Sened la faune entomologique se montre sensiblement la même qu'au col des Aïeïcha; on y trouve cependant, sur le *Juniperus Phœnicea*, un Charançon des montagnes sahariennes, le *Sitropus Phœniceus*. Au Bled Sened, M. Valéry Mayet prend, sur les *Thapsia Garganica*, l'*Agapanthia irrorata*, longicorne qui vit habituellement sur les Carduacées.

Comme sur la majeure partie des crêtes de ce puissant massif, qui s'élève majestueusement entre la Sebkha Naïl et la plaine de la Madjoura, la roche est généralement siliceuse ou dolomitique, par désagrégation elle a formé les sables qui, mêlés aux détritus de gypse et à l'argile, constituent le terrain argilo-sableux des plaines désertiques voisines.

Une descente rapide, et, sur certains points, des plus dangereuses, nous amène dans la vallée au fond de laquelle se trouve le village de Sened; nous y arrivons à cinq heures du soir et y sommes l'objet d'une réception des plus empressées de la part du cheïkh. Nous ignorons encore que Sened est le pays du maraudeur, qui, quelques jours avant, a payé de sa vie sa participation à l'audacieuse agression de l'Oued Eddedj. Malgré nos recommandations réitérées, nous ne pouvons nous soustraire à une diffa complète et, ce qui est plus gênant, aux assiduités du chef du village, qui nous amène son fils et reste sous notre tente jusqu'à une heure avancée. Un vent violent et froid qui continue à souffler pendant une partie de la nuit, après nous avoir créé de sérieuses difficultés pour l'installation de nos tentes, nous oblige à les amarrer solidement aux arbres voisins; grâce à cette précaution, nous sommes préservés de tout accident, et le lendemain matin, 2 mai, nous pouvons contempler à notre aise le curieux panorama du village dont les maisons, échelonnées sur le flanc de la montagne, sont entremêlées de cavernes creusées dans une roche dolomitique sablonneuse; une vieille tour en ruine, que nous ne manquons pas d'aller visiter, domine le tout. Ces grottes, véritables habitations troglodytes, sont des plus curieuses dans leur disposition ; quelques-unes communiquent entre elles de bas en haut. Elles servent actuellement de greniers aux habitants, dont beaucoup se livrent avec succès à l'apiculture. Comme la plupart des villages que l'on rencontre dans le Sud de la Tunisie, Sened recèle des vestiges de l'occupation romaine : des travaux de captation de sources, des barrages et de nombreux murs, rasés à quelques pieds au-dessus du sol, dénotent un centre de population important, ce que l'on comprend facilement en voyant le cours d'eau qui coule dans cette vallée fertile. Les indigènes nous indiquent qu'il existe, en amont, des ruines plus considérables, mais le temps nous manque pour vérifier le fait, et, vers midi, nous nous hâtons de rejoindre le gros de la troupe déjà en route pour Aïn Segoufta que nous voulons visiter avant de gagner Gafsa.

Un large chemin, très frayé, mais fort dangereux pour les cavaliers, en raison des roches tabulaires glissantes dont il est parsemé, semble avoir été l'ancienne voie romaine conduisant aux grandes villes dont les vestiges sont si nombreux dans la plaine de Madjoura. Nous le suivons assez longtemps après être sortis du défilé étroit et jadis fortifié qui, de ce côté, masque la vue du Bled Sened, puis nous entrons dans la plaine désertique, franchissant de temps à autre les lits desséchés des oueds qui descendent des gorges de la montagne. Ce pays est très giboyeux, comme toutes les parties de la Tunisie où n'ont pas pénétré les troupes du corps d'occupation.

Vers trois heures, nous abordons le ravin d'Aïn Segoufta, où nous trouvons bientôt notre camp dressé sur une plate-forme dominant un torrent qui s'est creusé un lit profond dans des sables argileux d'une grande épaisseur. Sans perdre de temps, je me mets en devoir de gravir la montagne couverte de broussailles qui s'élève à droite du campement; quelques bonnes espèces de plantes, non rencontrées jusque-là en état de floraison, ne tardent pas à me récompenser d'une pénible ascension; puis, franchissant la crête dentelée qui couronne la montagne, je descends par le versant opposé jusqu'au fond de la vallée où se trouvent les diverses sources d'Aïn Segoufta. Une luxuriante végétation, composée en grande partie de *Phillyrea*, de Lentisques, de vieux Oliviers, de *Rhus oxyacanthoides* et de gigantesques Lauriers-Rose en pleine floraison, cache au regard un mince filet d'eau et fait du fond de cette fraîche vallée un site enchanteur animé par une nombreuse colonie de Pigeons, de Tourterelles et de Perdrix Gambra. Mais la nuit s'approche et je dois regagner le camp dont mes deux compagnons avaient de leur côté soigneusement exploré les abords.

La flore des environs d'Aïn Segoufta, bien que riche, est sensiblement la même que celle du Djebel Sened. Nous avons déjà signalé, dans le ravin d'où sortent les sources, l'abondance du Laurier-Rose (*Nerium Oleander*) qui s'y mêle à de nombreux Oliviers très vieux et à des Amandiers, restes probables des anciennes cultures de l'époque romaine, ainsi que le feraient supposer les ruines d'antiques moulins à huile que nous rencontrerons le lendemain plus bas dans la plaine.

Citons parmi les plantes récoltées à cette station :

Moricandia suffruticosa Coss. et DR.
Helianthemum Kahiricum Delile.
Dianthus *sp.*, le même qu'au Djebel Sened.
Rhamnus oleoides L.
Gymnocarpus decandrus Forsk.
Carum Mauritanicum Boiss. et Reut.
Scabiosa maritima L.
Helichrysum Fontanesii Camb.
Amberboa crupinoides DC.
Centaurea pubescens Willd.
Zollikoferia quercifolia Coss. et Kral.
Linaria rubrifolia Rob. et Cast.
Anarrhinum brevifolium Coss. et Kral.
Sideritis incana L.

Le Lièvre d'Égypte paraît abonder dans ces parages, ainsi que la Gazelle. Les oiseaux se montrent nombreux, sans doute à cause du voisinage des eaux douces qui attirent en grand nombre les Pigeons et les Tourterelles. Nous y observons aussi le Rollier vulgaire, les Guêpiers, plusieurs Traquets, de nombreuses Perdrix Gambra et la Huppe. Les reptiles ne nous offrent d'intéressant qu'un Caméléon pris sur un Retam (*Retama Rætam*). Parmi les insectes, on doit noter plusieurs espèces d'*Anthicus* indéterminées, prises sur les Jujubiers sauvages (*Zizyphus Lotus*), qui viennent s'ajouter aux espèces récoltées dans les stations précédentes.

Nous avons déjà fait remarquer combien peuvent être trompeurs les renseignements fournis à l'avance sur la qualité des eaux de ce pays : au Ksar El-Ahmar, les puits réputés comme mauvais nous avaient fourni une eau de très bonne qualité; ici c'est tout le contraire, et tandis qu'en 1874 nous nous étions délectés avec une eau excellente provenant d'Aïn Segoufta, cette année nous la trouvons sensiblement salée, à quelque endroit qu'on la puise. Ce renversement dans la qualité des eaux tient évidemment à la plus ou moins grande abondance des pluies. En effet, si l'on considère que les puits de la plaine sont alimentés par des eaux d'infiltration traversant de puissantes couches de sable ou d'argile, on comprendra que, par des années très pluvieuses, le débit étant considérablement augmenté, l'eau en devienne meilleure, tandis que pour les années de sécheresse, l'eau, n'étant pas suffisamment renouvelée, devient croupissante et de mauvais goût. Au contraire, pour les sources et les cours d'eau dus à l'écoulement des eaux à la surface du sol ou à travers les couches rocheuses qui renferment du sulfate de chaux et du sel en assez grande quantité, plus il pleut, plus il y a dissolution des sels et, conséquemment, plus grande est la salure des eaux des sources et des ruisseaux qu'alimentent les égouts de ces couches rocheuses.

Les productions naturelles ne sont pas le seul côté intéressant d'Aïn Segoufta et particulièrement du point où nous sommes campés. L'archéologue trouve à y faire ample moisson des silex taillés dont le sol est jonché sur les monticules qui dominent le lit du torrent. C'est une station préhistorique des plus importantes, probablement même y a-t-il existé une réunion d'ateliers à l'époque de la pierre taillée. Toutefois nous devons constater que si les couteaux, grattoirs et pointes y sont en quantité considérable, les gros instruments y font presque entièrement défaut. Peut-être aussi faudrait-il chercher ces derniers dans des endroits qu'un séjour plus prolongé nous aurait permis de découvrir.

Nous quittons Aïn Segoufta le 3 mai, à neuf heures, après avoir essuyé, vers deux heures du matin, un violent coup de vent, fait qui, du reste, s'est produit presque chaque nuit depuis que nous avons quitté Sfax. Nous prenons tout d'abord la direction de l'ouest afin de rejoindre la route de l'Oued Leben à Gafsa, route que nous avions abandonnée quelques jours avant en partant du Ksar El-Ahmar. A quelque distance de notre point de départ, une série de ruines attirent notre attention; ce sont des plates-formes circulaires dans lesquelles nous n'avons pas de peine à reconnaître les restes d'anciens moulins à huile. Ce pays, actuellement presque entièrement dépourvu de végétation arborescente, a donc été jadis cultivé et complanté de nombreux Oliviers; de cet état prospère il ne reste plus aujourd'hui que quelques rares Oliviers éparpillés à de grandes distances et les vestiges de villes dont l'importance des ruines dénote l'ancienne opulence. Les seuls habitants humains de ces vastes solitudes sont maintenant les tribus nomades dont nous rencontrons les douars sur notre parcours, douars qui changent de place dès que les troupeaux ont épuisé l'herbe des alentours. Notre passage inattendu ne manque jamais de mettre ces campements en grande agitation, surtout la population féminine, désireuse, sinon de se faire voir, du moins de contempler, d'aussi près que le lui permettent ses seigneurs et maîtres, les hommes blancs et leurs costumes. Ici, comme partout, nous ne pouvons nous éloigner sans avoir visité quelques malades et distribué un certain nombre de caroubes aux enfants et même aux femmes.

Dans l'un de ces douars, nous ramassons le cadavre d'une Vipère-à-cornes (*Cerastes Ægyptius*) tuée par les indigènes peu d'heures avant notre passage; c'est le premier individu que nous avons rencontré jusqu'ici de ce reptile non moins redoutable que hideux, commun pourtant dans la contrée.

Après neuf heures d'une marche monotone et fatigante dans l'interminable plaine de la Madjoura, nous atteignons enfin vers six heures du soir les puits d'Oglet Mohamed, près desquels nous campons au milieu d'innombrables débris de poteries, de mosaïques et de constructions presque entièrement recouvertes par le sable. La disposition de loges dont on voit encore le sol bétonné et auxquelles semblent aboutir des conduites d'eau peut faire supposer un ancien établissement balnéaire, opinion que j'ai déjà émise à mon retour de Gafsa en 1874; peut-être aussi ne sont-ce que les vestiges d'un caravansérail détruit, qui s'élevait autour des puits.

Cette portion du pays, entièrement désertique, ne fournit que la plupart des plantes déjà récoltées dans les terrains analogues. Nous remarquons cependant que les *Anabasis*, le *Thymelæa microphylla* ainsi que l'*Anarrhinum brevifolium* deviennent de plus en plus abondants et forment le fond de la broussaille basse. Nous y avons aussi observé les plantes suivantes : *Sisymbrium torulosum*, *Erodium cicutarium*, *Chamomilla aurea*, *Francœuria laciniata*, *Onopordon ambiguum*, *Centaurea contracta*, *Linaria laxiflora*, *Teucrium campanulatum*, etc.

La faune entomologique est la même que celle du Ksar El-Ahmar. Le *Julodis Onopordi* var. *Setifensis* se trouve partout et le *Pimelia coronata* est pris à Oglet Mohamed dans un trou de Gerboise, ainsi que le *Calosoma Olivieri*.

De bonne heure, le 4 mai, nous nous remettons en route pour Gafsa. A la plaine unie succède bientôt un terrain accidenté de collines dont l'élévation augmente à mesure que nous avançons.

La flore présente un caractère tout à fait saharien : le *Thymelæa microphylla* continue à abonder au milieu d'innombrables touffes d'*Anabasis*. Les buissons sont couverts de nuées de Papillons (*Vanessa Cardui*) fraîchement éclos et qui ont couvert le sol de taches de la liqueur rouge qu'exsudent leurs chrysalides. Assez longtemps, quelques Vautours (*Vultur fulvus*, *V. Kolbii* ou *V. auricularis*) volent circulairement à peu d'élévation au-dessus de nos têtes, ne nous abandonnant qu'aux abords immédiats de la ville. Enfin, vers une heure du soir, nous franchissons les berges de l'Oued Baïech, réduit en cet endroit aux proportions d'un ruisseau qui serpente au milieu d'un lit de sable d'environ 400 mètres de largeur. Les premiers Dattiers se montrent, sur la rive droite de l'oued, dans quelques jardins éloignés de l'oasis, dont les murs et les maisons de la ville nous cachent la plus grande étendue, et ce n'est pas sans une vive satisfaction qu'après dix-huit jours de la vie sous la tente, nous entendons les joyeuses sonneries des clairons; cela nous promet quelques jours de repos, sans avoir à lever le camp chaque matin pour le dresser de nouveau le soir.

Pénétrant d'abord dans la ville jusqu'à la place des souks, vieille connaissance de dix ans, nous nous faisons indiquer le campement du 122°, le commandant d'Amboix nous ayant fait promettre, pendant la traversée de Tunis à Sfax, que nous nous adresserions à lui à notre arrivée à Gafsa. Sur son ordre, nos tentes sont installées dans un emplacement convenable; puis nous nous hâtons de faire notre visite au colonel d'Orcet, commandant supérieur, dont nous n'oublierons jamais le cordial et obligeant accueil. Sur les indications que nous donne cet officier distingué, qui connaît bien le pays, nous pouvons combiner un itinéraire pour la suite de notre voyage, de façon à parcourir la plus grande étendue de la contrée tout en évitant beaucoup de contremarches. C'est avec le colonel que nous faisons aussi une première excursion dans l'oasis, dont l'aspect grandiose avait laissé dans mes souvenirs de 1874 une impression si profonde.

Assise sur une nappe d'eau importante, véritable fleuve souterrain qui s'échappe avec abondance par de nombreux orifices, les uns naturels, les autres pratiqués de main d'homme, l'oasis est irriguée dans tous les sens par une foule de rigoles (saguias) qui transforment son sol argilo-sableux en de magnifiques jardins où croissent avec vigueur, à l'ombre de grands Dattiers, presque tous les arbres fruitiers et les légumes d'Europe. Le Figuier, la Vigne, le Pommier, le Poirier, l'Amandier, le Cognassier, le Pêcher et surtout l'Abricotier y acquièrent parfois des dimensions inconnues dans nos cultures. Les Grenadiers aux fleurs rouges, les Lauriers-Rose, les Orangers et les Citronniers se mêlent au feuillage sombre des vieux Oliviers qui dans certaines parties occupent presque entièrement un terrain soigneusement fertilisé à l'aide des immondices de la ville. Cependant l'étendue de la surface cultivée m'ayant paru sensiblement moindre qu'en 1874, surtout du côté des rives de l'Oued Baïech, le colonel nous donne l'explication de ce fait en nous montrant l'envahissement de l'oasis par les sables mouvants, envahissement que le général Philebert a tenté d'enrayer par la construction d'une grande digue intelligemment orientée.

De retour en ville, nous visitons la piscine du Dar-el-Bey, édifice de construction en partie romaine, transformé actuellement en hôpital militaire. Nous profitons de la permission qui nous en a été donnée pour nous plonger dans les eaux tièdes (31° cent.) et transparentes de la belle source si intelligemment utilisée par les vainqueurs de Jugurtha. Le nombre des poissons (*Chromis Desfontainei*) qui nagent autour de nous me paraît être beaucoup plus grand qu'en 1874, mais les Couleuvres (*Tropidonotus viperinus*), qui peuplaient la piscine à cette date ont disparu. Nous visitons également d'autres thermes voûtés, ainsi que d'importants restes de monuments enclos dans les habitations délabrées et malpropres des indigènes; je retrouve encore, dans le mur de la seconde piscine, la fameuse pierre portant l'inscription de Capsa. La ville foisonne du reste, de débris d'inscriptions et de monuments curieux, que nous examinons avec intérêt, mais qu'il serait superflu de décrire après les importants travaux épigraphiques de notre savant devancier Guérin, lequel a consacré à Gafsa un chapitre très détaillé de son voyage publié sous les auspices du duc de Luynes.

La nuit suivante, un violent ouragan de l'ouest menace d'enlever nos tentes et couvre tous nos ustensiles, nos bagages et nous-mêmes d'une épaisse couche de fine poussière dont il est impossible de se garantir.

La journée du 6 mai se signale par une chaleur suffocante qui cause à tous un malaise général et m'occasionne une violente indisposition; dans ce climat extrême et dans un milieu sérieusement atteint par la fièvre typhoïde, le repos est commandé par la simple prudence; vers le soir cependant, je me hasarde à faire une visite au cercle des officiers où nous pouvons examiner à notre aise plusieurs animaux indigènes vivants, des Aigles, des Gazelles, et notamment un Cerf provenant des environs de Tebessa; ce curieux ruminant se rapproche beaucoup de la variété *Elaphus Corsicanus* qui vit dans les grands maquis de la côte orientale de Corse. Quelques Poiriers cultivés excitent aussi notre étonnement par leur développement; certains atteignent, à un mètre du sol, $2^{m},45$ de circonférence.

Le 7 mai nous complétons notre visite de la veille par celle que nous faisons à l'installation fort bien comprise de la station météorologique de l'hôpital militaire; nous en profitons pour vérifier les instruments (baromètre Fortin, psychromètre, thermomètres minima et maxima, sous abri) dont nous constatons l'exactitude aussi satisfaisante que la régularité des observations. Ce n'est pas avec moins de satisfaction que nous voyons la plupart des officiers attachés à l'hôpital et à la pharmacie ne négliger aucune occasion de recueillir les sujets curieux qu'ils rencontrent, ainsi que nous le prouve une série de reptiles qui ne laisse pas que de nous intéresser vivement.

Vers une heure de l'après-midi, un orage éclate accompagné d'un violent coup de vent d'ouest, et, chose rare en ce pays et à cette époque de l'année, une pluie bienfaisante tombe pendant toute la soirée et une partie de la nuit. De suffocante qu'elle était le matin, la température devient froide; nous sommes forcés d'endosser nos paletots d'hiver et, pendant la nuit, sous l'influence d'un vent violent et glacé qui accompagne la pluie, nous avons peine à nous réchauffer sous notre tente.

OBSERVATIONS MÉTÉOROLOGIQUES FAITES ENTRE SFAX ET GAFSA,

du 17 avril au 4 mai 1884.

Bir Khlifa, près du puits, 17 avril, 6h 30 soir.

Baromètre holostérique n° 2	746mm,0	Thermomètre frondé............ + 17°,5
Baromètre Fortin	745mm,4	Vent. — Est modéré (3).
Thermomètre du baromètre	+ 16°,5	État du ciel. — Couvert (7).

Bir Khlifa, près du puits, 18 avril, 7 heures matin.

Baromètre holostérique n° 2, réglé.	750mm,4	Température du puits de 9 mètres de profondeur............ + 17°,5
Baromètre Fortin	750mm,4	Vent. — Nord frais (3).
Thermomètre du baromètre	+ 16°,5	État du ciel. — Beau nuageux (5). — Fracto-cumulus.
Thermomètre frondé	+ 15°,5	
Thermomètre minima de la nuit	+ 10°,5	

Oued Bateha, 18 avril, 6h 30 soir.

Baromètre holostérique n° 2	748mm,5	Thermomètre maxima de la journée. + 29°,0
Baromètre Fortin	749mm,0	Vent. — Sud-ouest modéré (4).
Thermomètre du baromètre	+ 18°,5	État du ciel. — Très beau (9), quelques cumulus à l'horizon Nord.
Thermomètre frondé	+ 19°,0	

Oued Bateha, 19 avril, 6 heures matin.

Thermomètre minima de la nuit	+ 5°,3	État du ciel. — Beau nuageux (4).
Thermomètre frondé à 6h matin	+ 6°,5	

Oued Bateha, 19 avril, 8 heures matin.

Baromètre holostérique n° 2	753mm,3	Thermomètre frondé............ + 19°,8
Baromètre Fortin	753mm,9	Vent. — Est modéré (3).
Thermomètre du baromètre	+ 22°,0	État du ciel. — Beau (2), quelques str.-cum.

Bir Arrach, 20 avril, 8 heures matin.

Baromètre holostérique n° 2	748mm,9	Vent. — Nord faible (2).
Baromètre Fortin	748mm,9	État du ciel. — Très beau (1), brumeux à l'horizon Sud.
Thermomètre du baromètre	+ 20°,0	Température de l'eau du puits à 29m de profondeur............ + 21°,0
Thermomètre frondé	+ 18°,0	
Minima de la nuit	+ 11°,3	

Bir Ali-ben-Halifa, 20 avril, 1 heure soir.

Baromètre Fortin	748mm,6	État du ciel. — Beau (2), quelques fracto-cumulus et stratus au Nord.
Thermomètre du baromètre	+ 23°,7	Température de l'eau du puits à 55m de profondeur............ + 22°,0
Thermomètre frondé	+ 24°,0	
Vent. — Sud faible (2).		

El-Aïa, 21 avril, 8 heures matin.

Baromètre holostérique n° 2	751mm,5	Minima de la nuit............ + 5°,3
Baromètre Fortin	751mm,7	Vent. — Sud-sud-est modéré (3).
Thermomètre du baromètre	+ 21°,0	État du ciel. — Nuageux (6), cumulus. Forte rosée.
Thermomètre frondé	+ 19°,5	

Oued Leben, rive gauche, en face du camp retranché, 22 avril, 8 heures matin.

Baromètre holostérique n° 2 .... 742^{mm},0
Baromètre Fortin .... 740^{mm},6
Thermomètre du baromètre .... + 19°,0
Thermomètre frondé .... + 18°,5

Minima de la nuit .... + 9°,4
Vent. — Nul.
État du ciel. — Couvert (9), velum.
De 1^{h} à 5^{h} du soir violent coup de siroco.

Oued Leben, 23 avril, 8 heures matin.

Baromètre holostérique n° 2 .... 743^{mm},1
Baromètre Fortin .... 742^{mm},4
Thermomètre du baromètre .... + 21°,0
Thermomètre frondé .... + 19°,3

Minima de la nuit .... + 10°,3
Vent. — Nul.
État du ciel. — Beau (1) brumeux.

Ksar El-Ahmar, 24 avril, 8 heures matin.

Baromètre holostérique n° 2 .... 738^{mm},2
Baromètre Fortin .... 737^{mm},1
Thermomètre du baromètre .... + 23°,5
Thermomètre frondé .... + 19°,0

Minima de la nuit .... + 10°,3
Vent. — Est-sud-est faible (2).
État du ciel. — Beau (2), stratus à l'Est.

Oued Eddedj, 25 avril, 8^{h} 30 matin.

Baromètre holostérique n° 2 ...... 740^{mm},0
Baromètre Fortin .... 738^{mm},0
Thermomètre du baromètre .... + 23°,0
Thermomètre frondé .... + 18°,0
Vent. — Nord-est faible (2).

État du ciel. — Très beau (2), quelques stratus.

Il avait fait un violent coup de vent dans la nuit, de 11 heures du soir à 6 heures du matin. — Quelques gouttes de pluie à 6 heures du matin.

Bou-Hedma, 26 avril, midi.

Baromètre holostérique n° 2 .... 744^{mm},0
Baromètre Fortin .... 746^{mm},4
Thermomètre du baromètre .... + 26°,0
Thermomètre frondé .... + 23°,2

Minima de la nuit .... + 14°,3
Maxima de la journée .... + 26°,4
Vent. — Est modéré (3).
État du ciel. — Beau (2), quelques strato-cirrus.

Bou-Hedma, 27 avril, 8 heures matin.

Baromètre holostérique n° 2 ...... 744^{mm},2
Baromètre Fortin .... 744^{mm},5
Thermomètre du baromètre .... + 15°,6
Thermomètre frondé .... + 13°,0
Minima de la nuit .... + 12°,0
Maxima de la journée .... + 13°,0
Vent. — Nord-nord-est fort (5).

État du ciel. — Couvert (10), nimbus. — Grande pluie.

Pendant la nuit il avait fait un violent ouragan accompagné de forte pluie. La pluie ne cesse pas de la journée et devient presque torrentielle jusqu'à 1 heure du matin, avec un vent impétueux à partir de 3 heures du soir.

Bou-Hedma, 28 avril, 8^{h} 30 matin.

Baromètre holostérique n° 2 .... 749^{mm},2
Baromètre Fortin .... 749^{mm},4
Thermomètre du baromètre .... + 18°,5
Thermomètre frondé .... + 17°,5

Minima observé à 6 heures du matin. + 11°,0
Vent. — Sud-sud-ouest modéré (3), soufflant par rafales.
État du ciel. — Nuageux (4), fracto-cumulus.

Campement dans la plaine du Tahla, 29 avril, 8 heures matin.

Baromètre holostérique n° 2 .... 752^{mm},4
Baromètre Fortin .... 752^{mm},9
Thermomètre du baromètre .... + 21°,0
Thermomètre frondé .... + 16°,4

Minima de la nuit .... + 4°,6
Vent. — Nul.
État du ciel. — Beau (3), stratus au Sud et à l'horizon Nord.

El-Aïeicha, tente-baraque du poste, 29 avril, 5 heures soir.

Baromètre holostérique n° 2	708mm,0	Thermomètre	+ 17°,5
Baromètre Fortin	710mm,3	Thermomètre frondé	+ 17°,5
Thermomètre du baromètre	+ 20°,0	Le baromètre du poste a dû perdre du mercure dans le transport.	
Baromètre Fortin du poste (Salleron n° 756)	703mm,5		

El-Aïeicha, 30 avril, 9h 30 matin.

Baromètre holostérique n° 2	710mm,0	Thermomètre frondé	+ 14°,2
Baromètre Fortin	710mm,3	Minima de la nuit	+ 9°,5
Baromètre Fortin du poste	702mm,4	Vent. — Nul.	
Thermomètre	+ 15°,7	État du ciel. — Nuageux (4), fracto-cumulus.	
Thermomètre du baromètre	+ 15°,8		

Ksar Ceket, 1er mai, 8 heures matin.

Baromètre holostérique n° 2	718mm,2	Thermomètre frondé à 5h 30 matin	+ 8°,5
Baromètre Fortin	718mm,5	Vent. — Nord modéré (3) frais.	
Thermomètre du baromètre	+ 13°,8	État du ciel. — Beau (2), cumulus à l'Est.	
Thermomètre frondé	+ 12°,2		

Pic d'El-Biada, 1er mai, 3 heures soir.

Baromètre Fortin	689mm,7	Vent. — Ouest assez fort (4).
Thermomètre frondé	+ 17°,5	État du ciel. — Nuageux (6), strato-cumulus.

Bled Sened, 2 mai, 9h 30 matin.

Baromètre holostérique n° 2	717mm,2	Minima de la nuit	+ 9°,0
Baromètre Fortin	717mm,9	Vent. — Nord-est faible (2).	
Thermomètre du baromètre	+ 21°,3	État du ciel. — Beau (2), quelques stratus.	
Thermomètre frondé	+ 15°,5	Il avait fait un vent violent toute la nuit.	

Aïn Segoufta, 3 mai, 9 heures matin.

Baromètre holostérique n° 2	724mm,5	Minima de la nuit	+ 11°,0
Baromètre Fortin	725mm,1	Vent. — Sud faible (2).	
Thermomètre du baromètre	+ 22°,5	État du ciel. — Très beau (0).	
Thermomètre frondé	+ 19°,5	Il a fait un coup de vent vers 2h du matin.	

Oglet Mohamed, 4 mai, 9 heures matin.

Baromètre holostérique n° 2	736mm,9	Thermomètre frondé	+ 19°,0
Baromètre Fortin	738mm,9	Vent. — Ouest modéré (3).	
Thermomètre du baromètre	+ 26°,0	État du ciel. — Beau (1) brumeux.	

IV

Voyage à Tozzer et retour à Gafsa.

Dès le jour de notre arrivée à Gafsa nous avions combiné l'itinéraire d'une course rapide à Tozzer, indispensable pour l'étude comparative de l'ensemble de la flore et de la faune de la contrée située au nord des chotts El-Fedjedj et El-Djerid. La question de la création d'une mer intérieure devant remplacer les grands chotts, question encore à l'ordre du jour, et le désir de nous rendre compte par nous-mêmes des avantages ou des inconvénients qui pourraient en résulter pour le pays, n'étaient pas non plus étrangers au projet que nous avions formé. Nous profitons donc du départ d'un convoi militaire commandé par un officier des compagnies mixtes, heureux hasard qui nous offre une occasion trop favorable pour que nous ne nous empressions pas de la mettre à profit. Nous n'avons qu'à nous louer de cette détermination, car nous trouvons dans le lieutenant Legouahec, non seulement un guide expérimenté, mais encore le plus aimable compagnon de route.

Le 8 mai, à cinq heures du matin, nous partons, laissant à la garde du brigadier de notre escorte la plus grande partie de nos effets de campement, n'emmenant avec nous que deux hommes du train, nos deux spahis, nos montures personnelles et tout juste le nombre de mules nécessaire au transport d'un bagage très restreint. Après avoir traversé une partie de l'oasis entièrement complantée d'Oliviers, nous entrons dans un vaste désert de sable couvert de broussailles basses parmi lesquelles dominent toujours les *Anabasis* que nous avions déjà observés dans la plaine de la Madjoura. Nous avons à droite une longue chaîne de hauteurs désignée sous le nom de Djebel Metlouna, laquelle, se prolongeant à l'ouest, paraît aller rejoindre, au sud de l'Algérie, le grand massif des montagnes de l'Aurès. Des pentes dénudées de cette chaîne descendent quelques oueds dont les eaux à cours interrompu se réunissent à celles de l'Oued Baïech pour se perdre en grande partie dans les sables, avant d'atteindre les marais qui bordent le Chott El-Gharsa.

Un ciel légèrement nuageux et un vent que la pluie abondante de la nuit dernière a rendu très frais favorisent notre marche; le sol est émaillé de fleurs, le désert charmant, le trajet facile et agréable; aussi, vers neuf heures du matin, nous avons rejoint sans fatigue le convoi militaire parti près de deux heures plus tôt que nous, et, avant midi, nous atteignons le petit bordj construit par les Français sur les bords de l'Oued Gourbata, affluent de l'Oued Baïech. C'est là que nous devons faire halte jusqu'au lendemain matin. Deux petites chambres nous offrent un abri suffisamment commode, où nous nous empressons de dresser nos lits de camp. Le reste de la journée est fructueusement employé à explorer des terrains argileux sillonnés de coupures profondes dues à l'écoulement rapide des eaux de pluies torrentielles, et à parcourir les dunes de sable avoisinant le lit de l'oued qui est bordé de nombreux *Tamarix*, seule végétation presque arborescente de cette localité.

Le pays est giboyeux; le Lièvre y est assez abondant ainsi que la Perdrix, et l'Outarde Hubara s'y montre fréquemment. On y rencontre de nombreux terriers de Gerboises; une foule de petits oiseaux, appartenant aux genres Alouette, Traquet et Becfin, s'agitent au milieu des broussailles qui servent d'abri à de nombreux reptiles et à d'innombrables insectes. Cette station serait des plus agréables si l'eau y était meilleure et si nous n'avions à subir un violent coup de siroco.

Le 9, dès six heures du matin, nous avons quitté Gourbata et nous cheminons toujours à travers une plaine fleurie. Le *Limoniastrum Guyonianum*, l'*Echiochilon fruticosum*, diverses espèces de *Silene*, de nombreux *Helianthemum*, le *Moricandia suffruticosa* et une foule d'autres jolies plantes émaillent la plaine des couleurs variées de leurs fleurs. Le curieux *Calligonum comosum* se montre à nous pour la première fois. Comme nous traversons un pays où abondent les Vipères-à-cornes (*Cerastes Ægyptius*), les ordres sont donnés en vue de leur recherche, mais, malgré une chasse active, on ne parvient à s'en procurer qu'un très petit nombre, par suite de la fraîcheur relative de la température. En revanche, nous recueillons quelques silex taillés, épars dans les endroits pierreux. A midi et demie, nous nous rapprochons du lit de l'oued que nous franchissons après avoir cherché le passage le moins dangereux, et nous faisons halte au Bordj Gouifla, où nous devons passer la nuit, non plus comme la veille, dans des chambrettes closes, mais bien sous deux petits hangars ouverts, où nous avons à subir les piqûres des moustiques et des puces.

Les environs du petit bordj de Gouifla sont relativement boisés, grâce à de hauts et vigoureux *Tamarix* que nous fouillons scrupuleusement durant tout l'après-midi. L'oued, par suite des grandes pluies des jours précédents, débite en ce moment une assez abondante quantité d'eau qui tombe en petites cascades d'une grande limpidité sur les roches gypseuses qui forment son lit; malheureusement cette eau appétissante est rendue impotable par un degré de salure et une amertume trop prononcés. Sur certains points de l'oued existent de grandes flaques d'eau, restes de la récente crue, et dans ces réservoirs se montrent quelques poissons dont malheureusement nous ne pouvons pas faire la capture, les sables d'alentour étant imbibés à tel point que l'on s'y enfonce immédiatement en y posant le pied ; j'en fais moi-même la périlleuse expérience, et, sans l'aide de mes compagnons, nul doute que je n'eusse été dans l'impossibilité de me tirer de l'une de ces fondrières. Après cet incident, nous continuons notre exploration des environs, qui nous paraissent moins giboyeux et moins riches en insectes que ceux de Gourbata, mais plus peuplés encore de Gerboises. Rentrés au bordj, nous y trouvons nos hommes en train de procéder à la grillade d'un mouton entier (*mechoui*) qui constitue notre repas du soir, après lequel nous disputons notre sommeil aux attaques réitérées des moustiques.

Les plantes les plus intéressantes observées dans les deux étapes de Gourbata et de Gouifla sont les suivantes :

Delphinium pubescens DC. *var.* dissitiflorum (Gourbata).
Sisymbrium coronopifolium Desf. *var.* ceratophyllum (Gouifla).
Ammosperma cinereum Hook.
Lonchophora Capiomontiana DR. (Gouifla).
Moricandia suffruticosa Coss. et DR. (Gouifla).
Malcolmia Ægyptiaca Spr. *var.* longisiliqua (Gouifla).
Reseda neglecta Muell. Arg. (Gouifla).
— Arabica Boiss. (Gouifla).
Silene villosa Forsk. *var.* micropetala (Gouifla), nouveau pour la Tunisie.
Dianthus serrulatus Desf. *var.* grandiflorus (Gouifla).
Erodium glaucophyllum Ait. (Gouifla).
Fagonia glutinosa Delile (Gouifla).
Astragalus Gyzensis Delile (A. Hauarensis Boiss.) (Gouifla), nouveau pour la Tunisie.
— corrugatus Bert. *var.* tenuirugis (Gouifla).
Hippocrepis bicontorta Lois. (Gouifla).
Hedysarum carnosum Desf. (Gouifla et Gourbata).
Tamarix pauciovulata J. Gay (Gouifla), nouveau pour la Tunisie.
Polycarpæa fragilis Delile (Gouifla), nouveau pour la Tunisie.
Pteranthus echinatus Desf. (Gourbata).
Reaumuria vermiculata L. (Gourbata).
Daucus pubescens Koch (Gouifla).
Scabiosa arenaria Forsk. (Gouifla).
Nolletia chrysocomoides Cass. (Gouifla).
Pyrethrum trifurcatum Willd. (Gouifla).
Chlamydophora pubescens Coss. et DR. (Gouifla).
Tanacetum cinereum DC. (Gouifla), nouveau pour la Tunisie.
Centaurea furfuracea Coss. et DR. (Gouifla).
— omphalodes Coss. et DR. (Gouifla), nouveau pour la Tunisie.
Lithospermum callosum Vahl (Gouifla).
Anarrhinum brevifolium Coss. et Kral. (Gourbata), spécial à la Tunisie.
Plantago ciliata Desf. (Gouifla).
Calligonum comosum L'Hérit. (Gouifla).
Euphorbia cornuta Pers. (Gouifla).
Asphodelus pendulinus Coss. et DR. (Gouifla).
— viscidulus Boiss. (Gourbata).
Cyperus conglomeratus Rottb. (Gourbata).
Carex extensa Good. (Gouifla).
Panicum turgidum Forsk. (Gouifla) [Égypte, Chypre, Palestine, Arabie pétrée, Perse], découvert dans le Sahara algérien par le Dr Reboud, dans la vallée de l'Oued El-Arab ; nouveau pour la Tunisie.
Danthonia Forskalii Trin. (Gouifla).

La Vipère-à-cornes (*Cerastes Ægyptius*) abonde dans ce pays désertique.

A Gourbata, outre les reptiles précédemment rencontrés, nous avons pris le *Periops parallelus*, Couleuvre commune en Égypte, mais nouvelle pour la Tunisie.

Les insectes appartiennent aux espèces déjà récoltées dans les parties désertiques que nous avons explorées.

Les Outardes (*Otis Hubara*) sont abondantes, ainsi que plusieurs espèces de Traquets. Nous observons aussi le *Certilauda desertorum*, des Alouettes Dupont et des quantités de Bruant Proyer.

Le 10 au matin, nous quittons, en même temps que la colonne, le bordj de Gouifla, nous dirigeant vers le sud-est, à travers une plaine monotone. L'horizon est borné de ce côté par des hauteurs aux sommets déchiquetés, formés de couches horizontales de grès dont la nature ferrugineuse se trahit même à distance. Cette chaîne de collines assez élevées cache à nos regards la plaine et les oasis d'El-Oudian ainsi que le Chott El-Fedjedj. A droite s'étend, à perte de vue, la dépression du Chott El-Gharsa. Le ciel étant couvert et la température supportable, une grande partie de la route est faite à pied, en chassant tout à la fois plantes, insectes et reptiles. Une Vipère-à-cornes est capturée vivante, avec une rare hardiesse, par le nègre conducteur de nos chameaux.

Arrivés au pied des collines, en un point de la route où les caravanes venant du Djerid étaient jadis fréquemment attaquées et pillées par les Hammema embusqués derrière les rochers, nous rencontrons un certain nombre d'amas de pierres distants les uns des autres d'environ deux à trois cents mètres; nous croyons qu'ils marquent les endroits où des hommes ont été tués et sans doute enterrés; actuellement tout danger a disparu depuis l'occupation. Peu après, nous commençons à descendre vers la dépression sablonneuse dont l'oasis d'El-Hamma occupe le fond; cette oasis tire son nom des belles sources chaudes qui en font une station balnéaire très fréquentée. C'est à un effondrement des couches horizontales de grès ferrugineux qu'est due la dépression d'El-Hamma, dépression que les sables mouvants ont en partie comblée. Des falaises abruptes, simulant à s'y méprendre des murs ruinés de vieux édifices, et quelques gros blocs écroulés, qui émergent encore des sables, en sont les preuves évidentes.

L'oasis d'El-Hamma est relativement peu considérable, mais les Dattiers, qui y sont généralement beaux et vigoureux, forment, avec les plantes grimpantes s'entrelaçant dans leurs cimes, un fouillis inextricable au bord d'un véritable torrent d'eau d'une température élevée. Nous visitons successivement le bain des hommes et celui des femmes, un café maure établi d'une façon toute primitive sous un toit de feuilles de Dattiers, et la kouba octogone servant de zaouïa (école). Les eaux sortent à gros bouillons de la source principale à une température de 39 degrés, et le ruisseau qu'elles alimentent est peuplé de poissons insaisissables, de batraciens et de nombreux testacés appartenant principalement aux genres *Melania* et *Melanopsis*.

Aux abords de l'oasis croissent :

Sisymbrium Irio L.
Malcolmia Ægyptiaca Spr. *var.* longisiliqua.
Frankenia thymifolia Desf.
Malva parviflora L.
Fagonia glutinosa Delile.
Argyrolobium uniflorum Jaub. et Spach.
Hedysarum carnosum Desf.
Aizoon Canariense L.
Reaumuria vermiculata L.
Atractylis microcephala Coss. et DR.
Lithospermum callosum Vahl.
Linaria laxiflora Desf.
Scrophularia deserti Del.
Statice globulariæfolia Desf.
— pruinosa L.
Euphorbia Chamæsyce L.
Pennisetum ciliare L.
Arthratherum obtusum Nees, etc.

A Gouifla, nous avions eu la visite du lieutenant de Florac et des officiers du bureau arabe; ici, nous trouvons à notre arrivée le capitaine du Couret, commandant du poste de Tozzer, qui est venu à notre rencontre avec quelques officiers; il nous souhaite courtoisement la bienvenue et nous offre sous les Palmiers un excellent déjeuner dont, surtout après les repas plus ou moins rudimentaires des jours précédents, nous ne manquons pas d'apprécier la succulence.

A notre grand regret, nos aimables hôtes nous quittent pour nous précéder à Tozzer, et bien leur en prend, car, tandis que nous explorons l'oasis dont les charmes nous séduisent, de gros nuages chargés d'eau et d'électricité s'accumulent sur nos têtes et, au moment même où nous allons mettre le pied à l'étrier, un orage d'une extrême violence éclate avec un épouvantable fracas. Cherchant vainement, en nous blottissant au pied des Dattiers, un abri que leurs frondes flexibles ne peuvent nous fournir, nous essuyons durant près de trois quarts d'heure le tonnerre, le vent et une pluie torrentielle qui transperce nos couvertures et nos vêtements; ce qu'il y a de pire, c'est que nos bagages et nos chères récoltes subissent le même sort que nous; aussi avons-nous hâte d'arriver à Tozzer pour les mettre en papier sec le plus tôt possible.

Le ciel paraissant s'éclaircir, nous nous mettons en route sans plus tarder et franchissons bientôt un large oued, qui, une heure avant, n'offrait qu'un lit de sable à sec et qui est devenu une véritable rivière. La traversée de ces eaux, coulant avec rapidité et que la force du vent rebrousse en sens inverse de leur courant, produit sur nous un effet physique des plus étranges : nous éprouvons une sorte de vertige qui nous fait perdre absolument le sentiment de la direction. Sur le sol ferme, nous retrouvons l'équilibre de nos sens, mais les terres argileuses du chemin étant partout devenues glissantes et présentant de nombreuses flaques d'eau, nous sommes obligés de lutter tout à la fois contre le pas mal assuré de nos montures et contre leur tentation de s'abreuver à chaque instant à cette eau d'une saveur délicieuse que l'orage a prodiguée sur leur route. Après environ deux heures de marche, nous découvrons enfin Tozzer, au moment où les nuages gris, qui n'ont cessé de voiler le ciel, laissent échapper de nouvelles gouttes de pluie.

Malgré le temps sombre, l'aspect de la ville, qui se détache devant nous sur le fond vert d'une immense oasis, est réellement saisissant. Le terrain déclive qui nous conduit aux premières maisons est parsemé de blocs argilo-sableux, lambeaux du sol du plateau perdus au milieu d'une véritable mer de sable. Des minarets carrés et quelques édifices importants ornementés de dessins en relief formés de briques blanches, se font remarquer au milieu de la masse des maisons carrées, basses et plates. C'est la première fois que nous rencontrons ce genre d'ornementation architecturale empreint d'élégance et dénotant un certain goût artistique. Ayant franchi le mur d'enceinte, le faubourg et la place des souks (marchés), nous arrivons devant un énorme bâtiment de forme rectangulaire, construit sous la direction du capitaine du Couret, et actuellement occupé par les officiers de la garnison et les soldats de la compagnie mixte qui en ont été les constructeurs. Au moment où nous allons passer sous le portail de cette vaste caserne, nous remarquons un peloton de soldats manœuvrant face au mur; on nous explique que c'est le peloton de discipline et que ce genre de punition produit sur ces hommes les meilleurs effets moraux, d'où nous concluons qu'ici comme ailleurs les hommes sont de grands enfants.

Le 11 mai, le clairon nous éveille à la pointe du jour; la pluie n'a cessé de tomber durant une grande partie de la nuit, mais le soleil se lève dans un beau ciel d'Afrique et fait étinceler comme autant de diamants les gouttes d'eau encore suspendues aux brins d'herbe. Le Bou-Habibi, ce charmant petit oiseau naturellement familier, objet d'un juste et religieux respect de la part des Arabes, fait entendre son chant mélancoliquement amoureux; une fraîcheur exceptionnelle pour le pays et pour la saison semble nous inviter à la promenade; aussi, dès que nous avons donné à nos récoltes les soins qu'elles exigent impérieusement, nous nous empressons de faire, sous la conduite des officiers de la garnison, une première reconnaissance à cheval dans l'oasis; nos guides, avec une courtoisie toute française, semblent faire assaut de bonnes grâces pour nous rendre plus faciles nos recherches. Trois heures durant, nous parcourons en tous sens ce merveilleux massif de Dattiers, par des chemins frais et ombreux, bordés de rigoles où coule à flots une eau limpide et vivifiante donnant à la végétation une ampleur et une magnificence qui impriment à l'oasis de Tozzer un aspect enchanteur et en font un véritable Éden au milieu des sables du désert. La plume la plus féconde, le style le plus coloré, le pinceau le plus habile, ne sauraient donner une idée vraie des splendeurs de ce coin du monde où, sous l'ardeur d'un soleil brûlant et dans un sol souvent formé de sable pur, arbres et plantes croissent avec une incomparable vigueur. On ne peut se lasser d'admirer l'élégance et la variété de formes qu'offrent les nombreuses races de Dattiers, parmi lesquelles se font remarquer les Degla, qui produisent la meilleure qualité des célèbres dattes du Djerid. Près d'une habitation indigène, perdue au milieu des Dattiers, nous nous extasions devant les gigantesques proportions d'un Jujubier (*Zizyphus Spina-Christi*) qui doit compter plusieurs siècles d'existence, à en juger par la grosseur du tronc et par le développement énorme de ses branches auxquelles sont encore suspendus quelques gros fruits.

Un petit marais, que nous traversons en regagnant Tozzer, nous offre en abondance le *Lippia nodiflora;* plus loin nous rencontrons l'*Ambrosia maritima,* dont le feuillage, moins l'odeur, simule à s'y méprendre celui du *Pelargonium capitatum* d'où l'on extrait la fausse essence de rose. Les Pommiers, les Poiriers, les Cognassiers, les Pêchers, les Abricotiers, les Citronniers, les Orangers, les Figuiers, les Vignes, les Tomates, les Poivrons, les Oignons et autres plantes maraîchères, le Blé, le Fenugrec ou Elba des Arabes, etc., croissent à l'ombre des Dattiers. Mais l'heure du repas a sonné, et nous rentrons en ville après avoir franchi l'oued sur un barrage d'origine romaine.

Dans l'après-midi, nous retournons à l'oasis où nous faisons une chasse fructueuse de mollusques terrestres et fluviatiles, d'insectes, de petits crustacés des eaux douces ou saumâtres, de poissons et de reptiles, et le soir nous jouissons, du haut de la terrasse qui surmonte les bâtiments militaires, du beau spectacle d'un orage accompagné d'éclairs qui illuminent tout le sud-ouest et le sud-est du ciel. Enfin, après le repas qui termine cette journée si bien remplie, nous regagnons le logis qui nous a été offert et où nous éprouvons une véritable satisfaction à nous trouver dans de vraies chambres munies de véritables lits et de draps, confort dont nous avons perdu l'habitude depuis que nous avons quitté Sfax.

La matinée du 12 mai est consacrée à visiter les sources de l'oued de Tozzer, qui coule entre deux berges de terrain argilo-sableux assez compact. Son cours est interrompu de distance en distance par des barrages dont il est facile de reconnaître l'origine romaine et d'où partent les divers canaux qui servent à l'irrigation des jardins de l'oasis. A deux kilomètres environ en amont, nous atteignons la tête de l'oued, c'est-à-dire le point d'où sortent les principales sources qui le forment. Ces sources, très nombreuses, s'échappent toutes au même niveau, soit à environ quinze mètres au-dessous des terrains environnants. Elles sourdent d'une puissante masse de sable (évidemment le terrain aquifère même) à son contact avec le terrain argileux qui la recouvre et dont la nature compacte ne permet à l'eau de s'échapper que par des fissures ou des érosions. Au-dessus de cette plaque argileuse s'étendent d'autres couches argilo-sableuses, puis, surmontant le tout, des sables mouvants au milieu ou au-dessus desquels gisent des lambeaux de grès calcaire coquillier ou de poudingues graveleux souvent imprégnés de fer. C'est le régime normal de toutes les eaux potables qui alimentent les oasis de cette contrée, et qui sont à une température de 21 à 23 degrés centigrades. Cette nappe paraît être le produit de l'écoulement souterrain des eaux qui tombent sur les pentes des montagnes et se perdent dans les sables ou s'infiltrent sous les terrains argileux des plaines. Quant aux sources thermales qui sont à une température de 33 à 40 degrés, comme celles de la piscine de Gafsa et celles de l'oasis d'El-Hamma dont nous avons déjà parlé, nous admettons sans difficulté que leur origine est très différente et beaucoup plus profonde. Il ne faut donc pas confondre celles-ci avec les sources qui alimentent les oasis. Or il résulte pour nous d'un examen attentif du régime et du niveau de ces dernières la conviction que, pour détruire entièrement et en peu de temps les oasis du Djerid, il suffirait de pratiquer une saignée continue au-dessous du niveau de sortie des eaux qui arrosent les oasis. Un canal qui joindrait la Méditerranée au Chott El-Gharsa, dans le but de conduire les eaux de la mer dans le bassin des grands chotts et de les transformer en mer intérieure, ne serait autre que cette saignée si redoutable pour l'existence des oasis, véritable collecteur de drainage dans lequel toutes les eaux douces du pays viendraient s'épancher au niveau de la mer en tarissant toutes les sources qui sortent aujourd'hui par des orifices situés à un niveau supérieur. Un résultat aussi déplorable que le dessèchement et la ruine de toute la contrée du Djerid nous paraît être un motif suffisamment sérieux pour faire abandonner un projet dont les avantages sont plus que problématiques à tous les points de vue.

Après avoir visité en détail le point intéressant qui était le but principal de notre course, éclairés maintenant sur la véritable origine des sources de l'oued de Tozzer, nous regagnons la ville par une chaleur suffocante en traversant dans toute sa longueur le curieux faubourg construit par une colonie d'Arabes venus d'Algérie. Nous y rencontrons, mais executé avec moins d'art et de soin, le système de palissades entourant les maisons et servant de parc aux animaux, que nous avons déjà signalé à Melitta dans la petite île Kerkenna. Cette course se termine d'une façon intéressante par une série de détours que nous sommes forcés de faire dans les rues et dans les impasses de la vieille ville de Tozzer. Le retard que nous causent à chaque instant des obstacles imprévus est largement compensé par la rencontre d'un grand nombre de ces maisons ornées de dessins en briques en relief, qui donnent à la ville un aspect si particulier. Quelle est l'origine de ce genre d'architecture que nous n'avons encore rencontré qu'à Tozzer et qui ne subsiste que dans les maisons de construction déjà ancienne?

Rentrés en ville, nous sommes reçus et traités tout à fait à l'orientale par le lieutenant de Florac, chef des affaires arabes, lequel nous donne de curieux renseignements sur le pays et les mœurs indigènes. Nous voyons aussi avec intérêt, dans la cour et les dépendances de la maison qu'il occupe, plusieurs animaux vivants, entre autres deux jeunes Fennecs, des Gazelles, un Hérisson qui diffère sensiblement de celui d'Europe, et des Cerfs vivants provenant du Nefzaoua; ces cerfs doivent être rapportés au *Cervus Elaphus* var. *Barbarus* qui, je crois devoir le rappeler, ressemble beaucoup par sa taille et ses bois grêles à la variété qui vit dans les grands maquis de la côte orientale de la Corse.

Les documents zoologiques que nous avons recueillis à Tozzer, soit par nous-mêmes, soit auprès des officiers français, méritent d'être consignés ici.

Outre les Gerboises qui abondent dans ces parages, nous trouvons le Surmulot (*Mus Decumanus*) à Tozzer même. Nous constatons aussi l'existence dans cette région de quatre espèces d'Antilopes dont les cornes nous ont été présentées; ce sont : *Antilope Addax*, *A. Bubalis* ou *Bubalis Mauritanica*, *A. Dorcas* (Gazelle ordinaire) et la seconde espèce de Gazelle, dite de montagne, plus grande et dont les cornes sont plus en forme de lyre que celles de la première. Ces quatre espèces appartiennent également au Sahara algérien. Une peau de Guépard (*Cynailurus guttatus* ou *Guepardus jubatus*) nous est indiquée comme venant aussi du Nefzaoua; nous voyons également la peau d'un Chat tué dans l'oasis. Des Fennecs (*Canis Zerda*) vivants, pris dans les environs, sont élevés, comme nous l'avons dit, dans la cour intérieure de la maison de M. de Florac en compagnie de plusieurs Hérissons (*Erinaceus Algirus* ou *E. deserti*?), espèce plus petite et plus élégante que celle d'Europe. Parmi les oiseaux nous signalerons plusieurs espèces d'Alouettes, entre autres l'*Alauda Dupontii* et le *Certilauda deserti*, un grand nombre de Traquets, des Vautours et autres rapaces que nous n'avons pu déterminer, ne les ayant vus qu'au vol, l'Outarde Hubara; tous ces oiseaux se montrent depuis Gafsa jusqu'à Tozzer. Dans cette ville même abonde le charmant Fringille désigné dans le pays sous le nom de Bou-Habibi, lequel habite familièrement les maisons, qu'il égaye par son chant d'une extrême douceur. Il nous est aussi présenté deux peaux du Guêpier de Savigny (*Merops Savignyi*), espèce d'Égypte et accidentellement du Sud de l'Europe.

Les reptiles, les sauriens principalement, sont très abondants dans les sables désertiques de cette région, mais nous ne capturons que les espèces précédemment trouvées. Parmi les ophidiens, les Cérastes pullulent, et nous avons déjà signalé à Gourbata le *Periops parallelus.*

Aux insectes déjà pris à Gafsa, parmi lesquels le *Brachinus Africanus* est le plus abondant, viennent s'ajouter plusieurs espèces du Souf algérien; nous citerons : *Heteracantha depressa*, *Ocnera grisescens*, *Brachyestes Gastonis*, *Pimelia confusa*, etc. On est frappé, par contre, de l'abondance dans l'oasis de certains types européens. Une Guêpe, qui se trouve partout sur les fleurs de *Daucus*, est le *Vespa Gallica.* Le *Blaps Gigas* y est aussi abondant qu'à Tunis même. Sous toutes les mottes de terre on y trouve un Carabique commun dans l'Europe entière, le *Harpalus griseus.* Le *Pimelia obsoleta* y est aussi commun qu'à Sfax, mais dès que l'on gagne les dunes environnantes, on retombe dans la faune entomologique du Souf algérien. Les coléoptères y abondent, mais on est surpris de la rareté des espèces appartenant à d'autres ordres.

Les eaux de l'oasis recèlent, dans les Characées qui y vivent, une Crevette (*Palæmon varians*) qui y est en grande abondance, ainsi que des mollusques appartenant aux genres *Melania*, *Melanopsis*, *Bithynia*, *Paludinella* et *Planorbis.* Quant aux mollusques terrestres, ils sont très nombreux au pied des Dattiers, notamment les Hélices des groupes *Pisana* et *maritima.*

Une seconde course à cheval, poussée au delà de l'oasis jusqu'à la rencontre des marécages du Chott El-Djerid, complète la journée. Revenant ensuite vers les sources que nous avons visitées le matin, nous traversons une vaste plaine salée couverte d'*Anabasis* et autres Salsolacées, et à l'extrémité de laquelle nous trouvons une large dépression où nous rencontrons, gisant éparses sur le sol, un grand nombre de Mélanies et de Mélanopsides subfossiles analogues à celles qui vivent actuellement dans les eaux de l'oasis. Quelques vieux pieds de Dattiers isolés et complètement décrépits se dressent sur divers points de cette dépression, dans laquelle nous n'avons pas de peine à reconnaître une ancienne portion de l'oasis aujourd'hui desséchée et ruinée par suite de la disparition ou du retrait des eaux qui coulent maintenant à un niveau plus bas et dans un lit plus profond. Aux coquilles fluviatiles que nous venons de signaler sont associées quelques valves d'un *Cardium* voisin du *C. edule*, mais nous ne tardons pas à avoir la preuve que ces valves sont d'un âge bien antérieur aux coquilles fluviatiles citées plus haut, car nous trouvons les analogues encore en place dans les lambeaux de grès coquillier grossier qui émergent du milieu des sables; ils sont donc fossiles et ne peuvent nullement servir d'argument en faveur de l'existence d'une mer intérieure contemporaine de l'époque actuelle. Rentrés en ville par la route de Nefta, nous passons notre dernière soirée au bordj avec nos aimables hôtes, le capitaine du Couret, le docteur Collignon (archéologue distingué) et les autres officiers de la garnison, dont nous ne saurions oublier le cordial accueil. Comme pendant les précédentes soirées, des éclairs sillonnent l'horizon occupé au nord et au sud par des masses nuageuses épaisses, phénomène dont la fréquence insolite pour cette contrée caractérise cette année exceptionnellement pluvieuse. Nous jouissons du reste, pendant la soirée et la nuit, d'une fraîcheur tout à fait anormale.

L'oasis de Tozzer offrant un assez grand intérêt, nous croyons devoir donner une liste assez longue bien qu'incomplète des récoltes que nous y avons faites; cette liste viendra s'ajouter à celle que notre collègue M. Letourneux a dressée dans son exploration beaucoup plus complète que la nôtre.

Ranunculus muricatus L.
Hypecoum Geslini Coss. et Kral.
Malcolmia Ægyptiaca Spreng. *var.* longisiliqua.
Koniga Libyca R. Br.
Capsella procumbens Koch.
Helianthemum sessiliflorum Desf.
Reseda Duriæana J. Gay.
Frankenia pulverulenta L.
Saponaria Vaccaria L.
Malva parviflora L.
Zizyphus Spina-Christi Willd., sans doute cultivé.
Melilotus parviflora Desf.
Astragalus Gyzensis Delile.
Medicago laciniata All.
Lotus pusillus Viv.
Hedysarum carnosum Desf.
Neurada procumbens L.
Tamarix pauciovulata J. Gay.
Cucumis Colocynthis L.
Polycarpæa fragilis Delile.
Polycarpon alsinæfolium DC.
Aizoon Canariense L.
Orlaya maritima Koch.
Apium graveolens L.
Rubia tinctoria L. (subspontané).
Ifloga spicata Schultz. Bip.
Inula viscosa Ait.
— crithmoides L.
Chlamydophora pubescens Coss. et DR.
Rhanterium suaveolens Desf.
Tanacetum cinereum DC.
Calendula stellata Cav. *var.* hymenocarpa Coss.
Atractylis citrina Coss. et Kral.
Centaurea furfuracea Coss. et DR.
Zollikoferia resedifolia Coss.
Kœlpinia linearis Pall.
Ambrosia maritima L.
Cynanchum acutum L.
Echium humile Desf.
Heliotropium undulatum Vahl.
Lippia nodiflora Rich.
Statice pruinosa L.
— globulariæfolia Desf.
Limoniastrum Guyonianum DR.
Plantago ciliata Desf.
Asphodelus pendulinus Coss. et DR.
Potamogeton pectinatus L.
Aristida Adscensionis L.
Polypogon Monspeliensis Desf.
Festuca Memphitica Coss.
Adianthum Capillus-Veneris L.

Ajoutons qu'à l'ombre des Dattiers, dont les variétés sont très nombreuses à Tozzer, on cultive presque tous les arbres fruitiers d'Europe, y compris un Pommier buissonnant et la Vigne, qui y est d'une grande vigueur et y donne d'énormes grappes. C'est aussi sous l'abri des Dattiers que viennent les céréales et une grande variété de légumes, cultivés avec succès dans des jardins abondamment arrosés par les eaux des dérivations du torrent qui fertilise cette merveilleuse oasis.

Nous quittons Tozzer le 13 mai, à huit heures du matin, malgré l'insistance aimable de nos hôtes, qui voudraient nous garder plus longtemps, et leurs offres de nous conduire à Nefta, offres que nous accepterions avec enthousiasme s'il nous restait plus de temps pour réaliser notre itinéraire obligatoire. Sous la conduite d'un sous-lieutenant indigène au physique quelque peu grotesque et qui paraît peu satisfait de se déranger pour accompagner la Mission, nous nous dirigeons vers les oasis d'El-Oudian, laissant à gauche El-Hamma et, à droite, les bords du Chott El-Fedjedj dont la nappe blanche et unie s'étend au delà de la portée de notre vue. Un trajet de deux heures à travers une plaine sablonneuse nous conduit à l'entrée de Sedada, village arabe encastré entre des talus élevés et abrupts de terre argilo-sableuse. Les maisons et les murs d'enceinte y sont construits en terre battue, ce qui ne laisse pas que de leur donner un aspect fort original. Là, l'officier indigène nous remet aux mains d'un cavalier du pays qui doit nous guider jusqu'à la rencontre de la route qui rejoint celle de Gouifla.

Vers onze heures du matin, nous faisons halte sous l'ombrage des Palmiers au bord de la belle source d'Aïn Sbebia, sortant d'un rocher, au pied d'un monticule calcaire sur le flanc duquel existe un édifice romain en ruine. C'est là que passe l'un des derniers tracés du canal Roudaire, coupant à cet endroit un relief de plus de 70 mètres d'altitude au-dessus de la mer. Les eaux de la source sont abondantes, mais légèrement saumâtres et à une température de 18 degrés. Elles sont peuplées de Mélanies et de Paludinelles. Le rocher au pied duquel elles sourdent contient des fossiles (*Pecten*, *Ostrea*, etc.) et de petits Oursins.

Après un repos d'une heure, nous gravissons le coteau par un chemin scabreux aboutissant à un plateau aride où gisent quelques silex taillés. Déviant ensuite à droite, en dépit du mauvais vouloir de notre guide, nous gagnons, par un ravin décharné, les pentes du Djebel Droumès.

Cette montagne est fort intéressante en raison des innombrables fossiles qu'elle recèle et qui en jonchent le sol. Ils se détachent des strates de marnes schisteuses fortement chargées de fer qui forment en cet endroit le fond du terrain sénonien. Je dois à M. Rolland la détermination de ce terrain et celle des *Ostrea dichotoma* et *proboscidea*, qui y forment de véritables bancs dans lesquels nous avons également recueilli quelques dents de Squales que nous croyons appartenir au genre *Notidanus*. Peu avant d'arriver au Djebel Droumès, le relief de Kriz, au pied duquel s'échappe la source abondante d'Aïn Sbebia, nous avait fourni, dans un calcaire jaunâtre, des échantillons d'une espèce d'*Inoceramus*, associés à des *Janira*, des *Echinobrissus* et des valves de *Pecten*. Nous avons recueilli aussi quelques bonnes espèces de plantes sur ce point où nous nous sommes attardés malgré une chaleur suffocante, et nous y mentionnerons un reptile intéressant, le Fouette-queue (*Uromastix Acanthinurus*).

Par un sentier très frayé, passant au pied de crêtes dentelées et traversant de puissantes couches de marnes remplies d'huîtres fossiles, nous rejoignons, près d'un redir conservant encore l'eau des dernières pluies, le chemin que nous avions abandonné et qui doit nous conduire à Gouifla, où nous n'arrivons qu'à la nuit, après avoir longtemps erré dans la plaine sans pouvoir retrouver la véritable direction de ce poste.

Le 14, nous regagnons Gourbata, mais en nous écartant sensiblement de la route que nous avions suivie quelques jours avant; il en résulte d'autant plus de retard que l'une des charrettes du train s'enfonce, au passage de l'oued, dans des sables détrempés dont on ne peut la faire sortir qu'à grand'peine. Nous ne pouvons plus dès lors espérer atteindre Gafsa dans cette même journée, comme nous avions compté le faire, et nous devons coucher de nouveau dans nos cellules de Gourbata.

Le 15, dès six heures du matin, nous nous mettons en route pour Gafsa; à environ deux kilomètres du bordj, une borne milliaire romaine, encore en place, attire notre attention; elle est assez bien conservée et indiquait la route de Gafsa à Tozzer; il en existe une autre un peu plus loin, mais en moins bon état de conservation et sans doute déplacée.

Tandis que M. Valéry Mayet se livre à la chasse des reptiles et des insectes, l'apparition de deux Outardes me fait faire un grand détour dans la plaine; mais, selon leur manœuvre habituelle, elles fuient devant moi dès que je suis près d'arriver à portée de fusil, et je les poursuis longtemps, mais sans pouvoir les tirer.

Les abords de l'oasis de Gafsa se signalent par la réapparition du *Zizyphus Lotus* et du *Thymelæa microphylla*, que l'on ne rencontre plus dans la direction de Tozzer. Vers midi, nous entrons enfin dans les plantations d'Oliviers auxquelles succèdent les magnifiques massifs de Dattiers qui entourent la ville. Nous retrouvons en bon état les hommes et le campement que nous y avions laissés, et nous apprenons dès notre arrivée que l'on a acquis la certitude que le maraudeur sur lequel notre spahi Abd-er-Rahman avait fait feu à l'Oued Eddedj est allé mourir quelques jours après à Bled-Sened, son domicile. Ce fait donne lieu à une instruction et à un

IMPRIMERIE NATIONALE.

interrogatoire de notre spahi, à la suite desquels j'adresse mon rapport au colonel commandant supérieur, qui nous félicite d'avoir donné cette rude leçon aux maraudeurs et délivré ainsi, pour quelque temps du moins, la région du Tahla des bandes pillardes qui en inquiétaient les douars.

Notre excursion de Gafsa à Tozzer avait duré huit jours; bien que trop rapide, elle a eu pour nous une réelle importance, car elle nous a permis de constater la différence profonde qui existe entre la nature du Djerid et celle des pays que nous avions déjà parcourus, ainsi que de ceux que nous avions encore à explorer. Elle nous a, en outre, fourni des données positives et *de visu* relativement au projet de création d'une mer intérieure dans le bassin des grands chotts. Notre conviction, déjà contraire à cette conception, n'a fait que s'accentuer en considérant les difficultés et les désavantages attachés à la réalisation de ce projet chimérique.

OBSERVATIONS MÉTÉOROLOGIQUES FAITES ENTRE GAFSA ET TOZZER.

OUED GOURBATA, 9 mai, 5^{h} 45 matin.

Baromètre holostérique n° 2....... 753^{mm},7
Baromètre Fortin............... 754^{mm},0
Thermomètre du baromètre....... + 16°,5
Thermomètre frondé............. + 15°,8

Minima de la nuit.............. + 12°,5
Vent. — Nord sans force (1).
État du ciel. — Beau (4), quelques cumulus.

GOUIFLA, 10 mai, 6 heures matin.

Baromètre holostérique n° 2...... 763^{mm},4
Baromètre Fortin............... 764^{mm},4
Thermomètre du baromètre....... + 19°,8
Thermomètre frondé............. + 19°,0
Minima de la nuit.............. + 18°,4

Vent. — Nul (0).
État du ciel. — Couvert (9), strato-cumulus.

EL-HAMMAM. — Température des sources thermales............ + 39°,0
Violent orage à 1^{h} de l'après-midi.

TOZZER, 12 mai.

Minima de la nuit.. + 14°,5

TOZZER, 13 mai, 7^{h} 30 matin.

Baromètre holostérique n° 2....... 763^{mm},2
Baromètre Fortin............... 764^{mm},6
Thermomètre frondé............. + 24°,0
Minima de la nuit.............. + 16°,3
Vent. — Est faible (2).

État du ciel. — Très beau (0).

Pendant notre séjour à Tozzer les 10, 11, 12 et 13 mai, nous avons observé chaque soir des orages lointains au nord et au sud, de 7 heures à 9 heures du soir.

GOUIFLA, 14 mai, 5^{h} 45 matin.

Baromètre holostérique n° 2....... 763^{mm},0
Baromètre Fortin............... 763^{mm},5
Thermomètre du baromètre....... + 17°,7
Thermomètre frondé............. + 16°,3

Minima de la nuit.............. + 15°,4
Vent. — Nul (0).
État du ciel. — Beau (1).

Oued Gourbata, 15 mai, 6 heures matin.

Baromètre holostérique n° 2	756mm,2	Minima de la nuit	+ 12°,5
Baromètre Fortin	755mm,5	Vent. — Est modéré (3), frais.	
Thermomètre du baromètre	+ 17°,2	État du ciel. — Beau (2).	
Thermomètre frondé	+ 16°,0		

Gafsa, 16 mai, 9 heures matin.

Comparaison des instruments de l'hôpital militaire avec les nôtres :		Thermomètre	+ 29°,5
Baromètre Fortin de l'hôpital n° 731.	739mm,5	Thermomètre minima de l'hôpital (Maisonneuve, Marseille)	+ 25°,8
Thermomètre	+ 29°,6	Thermomètre Baudin de la Mission n° 9645, frondé	+ 26°,2
Baromètre Fortin de la Mission n° 104	739mm,8		

Gafsa, 17 mai, 6h 15 matin.

Baromètre holostérique n° 2 .... 744mm,0

Sommet du Djebel Hattig, 3h 15 soir.

Baromètre holostérique n° 2	689mm,1	Vent. — Est modéré (3).
Thermomètre frondé	+ 23°,4	État du ciel. — Nuageux (4).

V

Séjour à Gafsa. — Ascension du Djebel Hattig.

Quelques jours de repos nous étant indispensables avant de reprendre notre route vers Gabès, nous utilisons de notre mieux le temps que nous laissent notre ravitaillement et les soins nécessaires à nos collections, en explorant l'oasis et les environs de Gafsa.

Gafsa, qui, en 1874, avait été le point extrême de mon voyage au Sud, m'avait fourni à cette époque une ample récolte de plantes parmi lesquelles plusieurs types de Desfontaines qui n'y avaient pas été revus. Mais j'avais dû renoncer à aborder les montagnes voisines, notamment le Djebel Hattig, une des plus élevées. Pour combler cette lacune dans mes recherches antérieures, le 17 mai, accompagnés de M. Gessard, pharmacien militaire, M. Valéry Mayet et moi, nous entreprenons l'ascension de cette montagne, qui se dresse au sud-ouest de Gafsa, pour se relier à la longue chaîne allant rejoindre, au sud de l'Algérie, le massif des monts Aurès. Partis dès six heures du matin, et évitant, sur la recommandation pressante d'un officier, les balles de la compagnie franche en train de tirer à la cible, nous abordons peu après les terrains dolomitiques riches en plantes qui constituent les premières pentes abruptes de la montagne. Tournant ensuite un second mamelon, nous suivons, à mi-flanc, des assises de roches, formant gradins du côté de la plaine, et par lesquelles nous es-

5.

pérons atteindre facilement le sommet. Nous n'avons malheureusement pas compté sur une succession dissimulée de coupures semblables aux feuillets d'un paravent à demi fermé, qui allonge considérablement notre parcours, en offrant partout de sérieuses difficultés de passage. Après plusieurs heures de cette monotone et fatigante gymnastique, nous nous arrêtons pour reprendre quelques forces, puis, las de voir surgir indéfiniment ces malencontreuses coupures, nous nous décidons à gagner la crête en gravissant des rochers presque à pic. Nous évitons ainsi la chaleur intense que vient modérer une agréable brise et pouvons nous diriger vers le point culminant, plus sûrement et avec moins de fatigue; cependant, à une heure, nous sommes encore loin du but, et ce n'est qu'après avoir franchi une dernière et plus profonde coupure que nous finissons par escalader péniblement le véritable sommet où nous ne parvenons qu'à trois heures du soir, c'est-à-dire après neuf heures d'une marche très pénible. De ce point, la vue embrasse un immense espace de pays, au nord, à l'est et au sud, l'horizon étant borné à l'ouest par les montagnes qui se succèdent dans la direction de Feriana.

Le baromètre holostérique marque 689 millimètres, et le thermomètre frondé 23°,4, ce qui donne une altitude d'environ 950 mètres. La température, modérée, est rendue encore plus agréable par la brise soufflant de l'est. Les broussailles abritent quelques plantes intéressantes, beaucoup d'insectes et de nombreux sauriens. Des Gundis s'enfuient rapidement à notre approche; quelques empreintes de fossiles se montrent dans la roche dolomitique, mais les mollusques vivants sont très rares. Nous nous applaudissons d'avoir poursuivi jusqu'au bout nôtre ascension, malgré la lassitude à laquelle succombe notre spahi Abd-er-Rahman; les Arabes sont peu aptes à gravir les hauteurs; de même, en 1874, lors de l'ascension que j'ai faite du Djebel Arbet, à mi-chemin du sommet, les guides du pays renoncèrent à me suivre.

Après quelques instants de halte, nous effectuons notre retour, en gagnant par des pentes de roches inclinées, glissantes et dangereuses, le fond d'une vallée creusée entre le Djebel Hattig et les montagnes situées à l'ouest. Là nous trouvons un sentier frayé, mais qui nous oblige à contourner entièrement la montagne, et ce n'est qu'après une marche forcée de près de trois heures que nous rentrons au camp, harassés et accablés par la chaleur et la soif, mais en revanche très satisfaits de notre excursion.

Nos récoltes botaniques au Djebel Hattig nous ont fourni un grand nombre d'espèces parmi lesquelles nous citerons :

Notoceras Canariense R. Br.
Farsetia Ægyptiaca Turr.
Moricandia suffruticosa Coss. et DR.
Matthiola oxyceras DC. *var.* basiceras Coss. et Kral.
Cleome Arabica L.
Reseda Duriæana J. Gay.
— propinqua R. Br.
Silene tridentata Desf.
Lavatera maritima L
Erodium arborescens Willd.
Fagonia Sinaica Boiss.
Rhamnus lycioides L.
Rhus oxyacanthoides Dum.-Cours.
Argyrolobium uniflorum Jaub. et Spach.
Anagyris fœtida L.
Pteranthus echinatus Desf.
Ferula Vesceritensis Coss. et DR.
Malabaila Numidica Coss., nouveau pour la Tunisie.
Deverra scoparia Coss. et DR.
Eryngium ilicifolium Desf.
Galium petræum Coss. et DR.
Pyrethrum fuscatum Willd.
Cladanthus Arabicus Cass.
Senecio Decaisnei DC.
Leyssera capillifolia DC.
Asteriscus pygmæus Coss. et DR.
Amberboa crupinoides DC.
Atractylis prolifera Boiss. *var.* ou espèce nouvelle.
— citrina Coss. et Kral.
Catananche arenaria Coss. et DR.
Andryala Ragusina L. *var.* ramosissima.
Apteranthes Gussoneana Mik.
Celsia laciniata Poir.
Teucrium ramosissimum Desf.
Caroxylon articulatum Moq.-Tand.
Traganum nudatum Delile.
Atriplex mollis Desf.
Euphorbia Bivonæ Steud.
— glebulosa Coss. et DR.
Forskahlea tenacissima L.
Ephedra fragilis Desf.
Andropogon laniger Desf.
Pennisetum dichotomum Delile.
— Orientale Rich.
Arthratherum obtusum Nees.
— ciliatum Nees.
Festuca tuberculosa Coss. et DR. (Catapodium tuberculosum Moris), nouveau pour la Tunisie.
Cheilanthes odora Sw.
Notochlæna Vellea Desv.

Gafsa, au point de vue zoologique, est l'une des localités les plus intéressantes que nous ayons visitées. On peut citer, parmi les mammifères, de nombreuses Gerboises et une Gerbille (*Meriones albipes*), dont il a été pris une femelle avec trois petits. Au Djebel Hattig, les Mouflons et les Gundis sont abondants.

Parmi les oiseaux, nous noterons, comme à Tozzer, le gentil et familier Bou-Habibi et d'abondantes Huppes qui peuplent l'oasis.

Les reptiles sont particulièrement nombreux. Notons, parmi les Chéloniens, l'*Emys leprosa*, qui habite les sources et les canaux d'irrigation (saguïa). Parmi les Sauriens :

Chamæleo vulgaris.
Hemydactylus verruculatus.
Tropidocaletes Tripolitanus.
Agama inermis.
Uromastix Acanthinurus.
Ophiops elegans.
Acanthodactylus Boskianus.
— Savignyi.
Eremias guttulata.
Eremias pardalis (Scincoïde nouveau pour la Tunisie).
Sphenops capistratus.
Gongylus ocellatus.
Euprepes Savignyi (Scincoïde qui vit dans les Joncs et les Cypéracées du bord des saguïas et des fossés).
Plestiodon Aldrovandi.

Parmi les Ophidiens :

Psammophis sibilans.
Tropidonotus viperinus.
Periops Algirus.
Cœlopeltis insignitus.
Echis carinata.
Echidna Mauritanica (Vipera Euphratica).
Cerastes Ægyptiacus.

Et parmi les Batraciens :

Discoglossus pictus.
Rana viridis.
Bufo pantherinus.
— viridis.

Dans l'oued et les sources chaudes, particulièrement dans la piscine romaine du Dar-el-Bey, vit abondamment un élégant *Chromis*, poisson particulier aux eaux sahariennes, avec de nombreux mollusques des genres *Melania* et *Melanopsis*, communs dans presque toute cette région.

Parmi les insectes nous devons signaler : *Anthia venator*, le plus grand carabique de la faune saharienne : *Calosoma Olivieri*, *C. Maderæ*, *Brachinus Africanus*, *Micipsa Mulsanti*, *Julodis cicatricosa*, et un gros Criquet aux ailes jaunes, *Eremobia insignis*, volant partout comme un oiseau. Les Arachnides ne nous ont fourni que de grands Galéodes : *Galeodes Olivieri*, *Rhax melanus*, *R. ochropus*, et d'énormes Scorpions, appartenant à quatre espèces : *Buthus Europæus* et *australis*, déjà vus sur la côte, et *B. Maurus* et *Æneas*, espèces plus désertiques.

L'*Helix Doumeti* habite aussi le Djebel Hattig.

Au point de vue géologique, nous n'aurons à signaler, après le gisement de calcaires gris surmonté de dolomies et de grès du Djebel Hattig, que le massif de poudingue grossier à cailloux siliceux qui émerge, à Gafsa même, au milieu des terrains argilo-sableux de la plaine située au pied de cette montagne.

VI

De Gafsa au Bir Marabot : El-Guettar, Oum-el-Asker, bords du Chott El-Fedjedj, Oum-Ali, Djebel Berd, Bir Marabot.

Le 18 et le 19 mai sont employés à compléter nos approvisionnements et à reformer notre convoi.

Le 20, nous quittons définitivement Gafsa, en prenant la direction d'El-Guettar. Notre caravane est constituée comme à notre départ de Sfax, car nos chameliers ont tenu à nous attendre pour continuer le voyage avec nous; notre personnel s'est seulement accru d'un spahi appartenant à la garnison de Gafsa, qui nous a été donné comme conducteur par le colonel d'Orcet, et du frère de ce spahi qui, connaissant beaucoup mieux le pays, lui sert à son tour de guide.

De plus, nous sommes accompagnés par un habitant de Gafsa, dont la femme malade de la fièvre et le petit garçon atteint d'une ophtalmie ont reçu la veille une consultation du docteur Bonnet; la confiance de ce brave homme dans le savoir du « thebib francis » est si complète qu'il a sollicité la grâce de nous suivre, avec son fils aîné et son jeune enfant, en dépit des fatigues et des privations que nous lui prédisons.

Au delà du large lit de l'Oued Baïech que nous avons franchi au-dessus du barrage du général Philebert, nous cheminons longtemps entre de fertiles jardins, où les arbres fruitiers se mêlent à de splendides groupes de Dattiers et d'Oliviers. Nous laissons à gauche l'oasis de Lella, située au pied des montagnes, et, prenant la grande route de Gabès, nous débouchons bientôt dans une vaste plaine pierreuse dénuée de toute végétation arborescente. Cette plaine, que j'avais déjà traversée en 1874 et dont j'avais conservé un souvenir désagréable, offre une assez grande similitude avec celle de la Crau dans les Bouches-du-Rhône; et, comme pour accentuer cette ressemblance, un vent des plus violents se met à souffler, soulevant des tourbillons de poussière qui nous enveloppent à chaque instant, arrêtant parfois même notre marche et surtout celle du convoi. La récolte de quelques bonnes plantes nous dédommage un peu de l'ennui de la route; quant aux insectes, il ne peut en être question; ils se sont tous mis à l'abri du vent.

A mesure que nous avançons vers El-Guettar, nous nous rapprochons du pied du Djebel Arbet, dont j'avais fait l'ascension en 1874 en y endurant une chaleur torride et une soif ardente. A plus de 1100 mètres d'élévation, c'est-à-dire au sommet, se trouve actuellement un poste de télégraphie optique qui correspond avec Gafsa. Vers une heure, nous atteignons le poste de la compagnie de discipline qui réside à El-Guettar, et, dès que notre convoi nous a rejoints, nous nous empressons de dresser nos tentes à l'abri des premiers groupes d'Oliviers qui se sont montrés à nous. Le lieu est des mieux choisis, bien que le vent, une véritable tempête de l'est, rende l'établissement de notre campement des plus difficiles. Puis, après le repas et notre visite à l'officier commandant le poste, je me dirige, en dépit du mauvais temps, vers le pied du Djebel Arbet où je fais une fructueuse herborisation, pendant que M. Valéry Mayet se livre, de son côté, à la chasse des insectes et des reptiles.

Les environs d'El-Guettar et surtout la base du Djebel Arbet ou Orbata sont riches en plantes. Aussi, malgré le mauvais temps et la brièveté de notre séjour, nous avons pu y récolter un grand nombre d'espèces, parmi lesquelles nous citerons :

Matthiola oxyceras DC. *var.* basiceras Coss. et Kral.
Conringia Orientalis Andrz.
Ammosperma teretifolium Boiss. (Brassica teretifolia Desf.).
Farsetia Ægyptiaca Turr.
Neslia paniculata Desv.
Reseda propinqua R. Br.
Erodium arborescens Willd.
— guttatum Willd.
Retama sphærocarpa Boiss.
Astragalus corrugatus Bert. *var.* tenuirugis.
Eryngium (espèce peut-être nouvelle).
Callipeltis Cucullaria Stev.
Scabiosa Monspeliensis Jacq.
Leyssera capillifolia DC.
Senecio Decaisnei DC.
Senecio coronopifolius Desf.
Chamomilla aurea J. Gay.
Asteriscus aquaticus Mœnch.
Cyrtolepis Alexandrina DC. *var.*
Centaurea furfuracea Coss. et DR.
Zollikoferia angustifolia Coss. et DR.
— resedifolia Coss. *var.*
Echinospermum Vahlianum Lehm.
Linaria fallax Coss.
— laxiflora Desf.
Celsia laciniata Poir. *var.*
Scrophularia arguta Ait.
Andrachne telephioides L.
Euphorbia glebulosa Coss. et DR.
Forskahlea tenacissima L.
Andropogon laniger Desf.
Chloris villosa Pers.

La faune entomologique des environs d'El-Guettar est la même que celle de Gafsa, mais on y rencontre aussi quelques espèces monticoles telles que : *Gonocleonus Heros* et *Pimelia Tunetana*. Le *Calosoma Olivieri* y est mêlé, comme à Gafsa, au *C. Maderæ* du Nord de la Régence. On y retrouve aussi une espèce prise à Tozzer : *Ocnera grisescens*.

D'après les renseignements fournis par le lieutenant commandant le détachement de disciplinaires, l'Hyène serait commune dans le massif du Djebel Arbet. C'est aussi d'après la description que m'en avaient faite les indigènes à El-Guettar en 1874, que je crus pouvoir indiquer l'existence du *Naja* en Tunisie, fait dont nous avons eu la confirmation au Redir d'El-Aïa.

Comme renseignement géologique, nous signalerons, au pied même du Djebel Arbet, un calcaire dur renfermant de gros nodules de silex, parfois géodiques, qui se détachent de la roche par désagrégation.

L'heure avancée nous a ramenés, M. Valéry Mayet et moi, au camp où nous attend une nuit des moins agréables et des plus anxieuses, la fureur du vent nous faisant craindre, à tout instant, de voir les amarres de nos tentes se casser et celles-ci se renverser sur nous.

El-Guettar ayant déjà été visité par moi dans ma mission de 1874, il y a moins d'intérêt à y séjourner, et le 21, à neuf heures du matin, nous faisons route pour les montagnes d'Oum-el-Asker. En traversant la sebkha d'El-Guettar, dont les grandes pluies des jours précédents ont accru la quantité d'eau au point d'en rendre le passage difficile en certains endroits, nous recueillons : *Delphinium pubescens* var. *dissitiflorum*, *Statice pruinosa*, *S. globulariæfolia*, *S. echioides*, *S. Thouini* var.

Des collines de nature désertique, qui succèdent à la sebkha, nous offrent une flore assez riche. Laissant sur notre gauche une tombe de marabout, isolée dans une plaine herbeuse au-dessus de laquelle tournoient de nombreux rapaces (Busards), nous arrivons à l'entrée des gorges d'Oum-Ghafa. Là nous sommes en plein terrain calcaire, et le lit desséché du torrent est creusé à travers de puissants bancs d'énormes huîtres (*Ostrea proboscidea*) enchâssées dans une sorte de molasse jaunâtre sableuse qui paraît appartenir à l'étage sénonien (Rolland). Nous faisons halte à l'entrée d'une gorge sauvage, près d'un redir creusé dans le rocher et rempli d'une eau dont l'aspect n'a rien d'engageant et qui est peuplée de tortues (*Emys leprosa*). La gorge étant impraticable pour les animaux, nous tournons la montagne par la droite, afin de gagner les défilés pittoresques du Djebel Cheguieïga, dans lesquels nous engage un chemin parsemé de tables d'un calcaire poli et glissant contenant quelques fossiles. Sortant enfin de cet affreux chaos de rochers, nous nous trouvons dans une coupure large d'environ 300 mètres, entre deux énormes falaises à pic, des plus étranges par leur forme et leur coloration. Ce passage, sorte de disjonction de la montagne, porte le nom de Fedj El-Kheïl et est des plus curieux à étudier. Nous y établissons notre campement pour la nuit, et nous y trouvons de nombreux fossiles, notamment des Nummulites et un Nautile d'assez grande taille, le premier que nous ayons encore rencontré.

Le massif du Djebel Cheguieïga, que nous n'avons fait que traverser, nous a fourni une intéressante récolte de plantes, parmi lesquelles nous noterons :

Lonchophora Capiomontiana DR.
Ammosperma teretifolium Boiss.
Diplotaxis pendula DC.
Capparis spinosa L. *var.* Fontanesii.
Reseda Duriæana J. Gay.
Erodium arborescens Willd.
— hirtum Willd.
— glaucophyllum Ait.
Lathyrus Clymenum L.
Hippocrepis bicontorta Lois.
Hedysarum carnosum Desf.
Reaumuria vermiculata L.
Pteranthus echinatus Desf.
Gymnocarpon decandrum Forsk.
Gymnarrhena micrantha Desf.
Pyrethrum fuscatum Willd.
Calendula stellata Cav. *var.* hymenocarpa.
Microlonchus Duriæi Spach.
Amberboa Lippii DC.
— crupinoides DC.
Zollikoferia quercifolia Coss. et Kral.
— angustifolia Coss. et DR.
Echinospermum Vahlianum Lehm.
Arnebia decumbens Coss. et Kral. *var.* macrocalyx.
Plantago ovata Forsk.
Caroxylum articulatum Moq.-Tand.
Traganum nudatum Delile.

A peine sommes-nous installés sur ce point, d'où la vue embrasse une vaste étendue vers le sud, que nous recevons la visite du cheïkh d'un douar voisin, lequel, réparant la maladresse de son frère, chef lui-même d'un autre douar où l'on avait refusé de vendre un mouton à nos spahis, vient nous en offrir plusieurs et insiste pour nous faire accepter chez lui la diffa le lendemain à notre passage.

Le 22, dès l'aube, nous achevons d'explorer les alentours accidentés de notre campement, et nous éprouvons une désagréable surprise à la vue d'une Vipère-à-cornes qui est venue pendant la nuit s'abriter sous une caisse, à l'entrée même de l'une de nos tentes; le redoutable serpent est immédiatement puni de cette audace par son immersion dans l'alcool. Ce reptile est abondant dans ces lieux pierreux, et la présence du Naja dans la plaine du Bled Cegui, qui précède l'Oum-el-Asker, nous est affirmée par le cheïkh du douar voisin.

La coupure du Fedj El-Kheïl est des plus curieuses, car elle montre à nu les diverses couches superposées qui forment le Djebel Cheguieïga. A la base, des calcaires noirs très durs, puis des marnes rouges ferrugineuses, et enfin des dolomies surmontant le tout et formant la crête. Au pied de ces escarpements on trouve de nombreux fossiles; c'est là que j'ai recueilli le Nautile dont il est question plus haut. Les Dolomies du sommet se délitent à certains endroits et forment des dentelures capricieuses, qui, vues d'une certaine distance, prennent l'aspect de murailles en ruine.

La flore du Fedj El-Kheïl est presque identique à celle du Djebel Cheguieïga, dont il n'est du reste qu'une coupure; nous ne citerons donc que les quelques espèces suivantes : *Capparis spinosa* var., *Deverra chlorantha*, *Galium petræum*, *Rhanterium suaveolens*, *Celsia laciniata*, *Plantago ovata*, *Panicum Teneriffæ*.

Nous récoltons en outre une curieuse monstruosité du *Caroxylum articulatum*, qui donne à cette espèce l'apparence d'une plante en fleur ou en fruit.

A neuf heures et demie le signal du départ est donné. Une vaste plaine d'aspect désertique, ondulée par de basses collines, s'ouvre devant nous. Elle est parsemée de douars et bornée au sud par les montagnes d'Oum-El-Asker que nous devrons franchir pour atteindre les bords du Chott El-Fedjedj. Nous ne tardons pas à arriver au douar des Sidi-Djeimia, fraction de la tribu des Hammema; c'est là que nous sommes invités à prendre une diffa qui nous est offerte avec beaucoup de cordialité, mais que nous payons largement par de nombreuses consultations données aux malades; les enfants étant en majorité, le chocolat est substitué dans bien des cas aux médicaments spéciaux qui nous manquent; à défaut de guérison radicale, ce remède produit un excellent effet moral et ne manque pas de grossir le nombre des clients qui se succèdent indéfiniment; mais le temps presse et, prenant congé de notre hôte, nous continuons notre marche vers l'Oum-el-Asker.

Au sommet d'un monticule que nous gravissons pour mieux jouir de la vue des dentelures étranges formées par les crêtes dolomitiques des montagnes de Cheguieïga que nous avons quittées le matin, nous recueillons quelques silex taillés, épars à la surface d'un terrain sablonneux. Plus loin, sur un assez long parcours et près des bords d'un oued à sec qui se dirige vers la plaine de Bled-Cegui, nous traversons les ruines d'une cité antique qui a dû avoir une assez grande importance.

Nous arrivons enfin aux montagnes d'Oum-el-Asker, dans lesquelles nous pénétrons par un étroit couloir que nos montures ont peine à franchir; on s'aperçoit à ce moment que les chameliers, ayant pris les devants pendant notre halte chez les Djeimia, se sont trompés de route, ce qui nous oblige à nous arrêter environ une heure pour envoyer à leur recherche. Au mauvais passage de l'entrée des gorges succède un chemin frayé qui semble devenir meilleur à mesure que nous avançons, mais bientôt nous sommes engagés dans un second défilé réellement dangereux, et forcés de suivre le lit desséché d'un oued dans lequel des eaux torrentueuses, actuellement absentes, ont mis à nu les couches tabulaires d'un calcaire dur et glissant sur lequel les chevaux, les mulets et les chameaux ont grand'peine à assurer leurs pieds. Ces roches blanches ou grises, qui paraissent inférieures aux bancs d'huîtres que nous avons trouvés la veille, renferment de nombreuses Turritelles fossiles dont il est difficile de se procurer des échantillons, en raison de la dureté de la roche.

Après deux heures d'efforts et de fatigues, pendant lesquelles nos bêtes de charge font de dangereuses chutes, nous rencontrons le Redir Zitoun, petite flaque d'eau bourbeuse dans un trou de rocher. Malgré la mauvaise qualité de cette eau, on est bien forcé de se résoudre à s'en désaltérer, car il n'y a pas de choix; de plus, en dépit de la défense qui leur en a été faite, nos chameliers, comme toujours, s'empressent de laisser souiller le redir par leurs animaux. D'après l'observation barométrique qui donne 728^{mm},5, le Redir Zitoun est à environ 360 mètres d'altitude; il est situé dans un repli de la chaîne d'Oum-el-Asker, à peu près vers le milieu de son épaisseur. Son nom lui vient sans doute des deux ou trois Oliviers rabougris qui y existent encore.

Prolonger la halte serait téméraire, car il est déjà cinq heures du soir et on nous dit que nous n'avons pas encore franchi les passages les plus dangereux, ce dont nous ne tardons pas du reste à nous convaincre, car à partir de ce point, non seulement on rencontre partout les mêmes roches glissantes, mais il faut le plus souvent suivre un sentier à peine tracé qui monte et descend alternativement le long du lit encaissé de l'oued. En plusieurs endroits le sentier domine ce dernier de plus de 30 mètres à pic; à diverses reprises on se voit même dans la dure nécessité de décharger en partie les bêtes de somme, pour éviter des accidents, et malgré ces prudentes manœuvres, qui ne laissent pas que de retarder considérablement la marche de notre convoi, les conducteurs ne peuvent, aux plus mauvais passages, éviter les chutes de plusieurs animaux. La capture faite à la main, par M. Valéry Mayet, d'une Vipère-à-cornes blottie dans un creux de rocher, nous cause un moment d'émotion qui fait diversion aux ennuis de notre difficile trajet. Enfin, après trois heures d'efforts pénibles, nous atteignons l'extrémité de ce dangereux défilé, véritable passage des Thermopyles dans lequel il suffirait, non pas de trois cents Spartiates, mais d'une poignée de fantassins embusqués pour arrêter toute une armée. Un chemin relativement bon nous fait rapidement descendre dans la plaine du Bled Cherb qui borde le Chott El-Fedjedj, mais la nuit nous force à interrompre la marche et à dresser nos tentes, en pleine obscurité, avec un vent des plus violents et dans un terrain pierreux où nous ne pouvons fixer les piquets qu'à grand'peine. Cette journée a été la plus hérissée de difficultés de tout notre voyage.

Les quelques plantes à noter parmi celles que nous avons récoltées durant le trajet périlleux du défilé d'Oum-el-Asker sont les suivantes : *Helianthemum Tunetanum*, *H. sessiliflorum*, *Frankenia thymifolia*, *Deverra chlorantha*, *Amberboa Lippii*, *Anarrhinum brevifolium*, *Scrophularia canina*, *Statice pruinosa*.

Outre plusieurs Vipères-à-cornes prises dans les endroits rocheux, nous avons noté le *Bufo viridis* qui se montre au Redir Zitoun, dans l'eau livide duquel nous avons pêché aussi quatre Crustacés intéressants : d'abord un *Estheria* nouveau pour la science, décrit récemment par M. Simon sous le nom de *E. Mayeti;* ensuite trois branchiopodes, les *Apus cancriformis*, *A. Numidicus* et *Branchipus stagnalis*.

Parmi les Hémiptères, nous rencontrons pour la première fois une Cigale (*Cicada Querula*) de moyenne taille, qui se retrouvera partout dans notre trajet jusqu'au Bir Marabot. Un Coléoptère algérien (*Bolboceras Bocchus*) est également trouvé pour la première fois dans notre voyage, ainsi qu'un *Blaps* probablement nouveau.

Dans la première portion du défilé, un calcaire gris noir, très dur, affleure dans le fond du ravin, alternant avec un calcaire blanc ou jaunâtre d'une dureté excessive et prenant sous l'action de l'eau un poli des plus dangereux pour la marche de l'homme et des animaux. Nous y avons recueilli quelques *Inoceramus* et des Cératites appartenant à l'étage sénonien que nous avons déjà signalé à Kriz et au Djebel Toumiet.

Comme toutes les nuits, le vent d'est a fait rage, ébranlant sans répit nos tentes que nous nous estimons heureux de n'avoir pas vu enlever par la tourmente, et le 23 mai, à six heures du matin, nous nous empressons d'abandonner ce campement inhospitalier, non toutefois sans en avoir attentivement exploré les environs où nous trouvons en abondance plusieurs espèces d'*Helianthemum* épanouissant leurs fleurs charmantes aux premiers rayons du soleil.

Laissant derrière nous les montagnes d'Oum-el-Asker, dont les couches, sur ce versant, plongent dans la direction sud, tandis que jusque-là, depuis et y compris les massifs du Bou-Hedma et de l'Arbet, elles sont inclinées dans le sens opposé, nous cheminons dans le Bled Cherb vers le campement de Bir Beni-Zid où nous avions espéré pouvoir arriver dès la veille. L'immense plaine qui s'étend devant nous se confond avec le chott où se produisent de curieux effets de mirage. Les moindres objets y prennent parfois des proportions fantastiques, simulant des ruines, des collines, ou des lignes de grands arbres, aux yeux du voyageur qui s'aventure imprudemment sur ce sol mouvant et dangereux. D'après des récits légendaires, des caravanes entières, trompées par ces images, ont disparu dans des fondrières insondables. Au bout d'une heure de marche environ, nous rencontrons une ruine romaine aussi importante que curieuse. C'est un grand édifice rectangulaire, plus long que large, dont l'intérieur présente quatre voûtes accolées. Les murs extérieurs sont formés de cinq assises de gros blocs taillés, surmontés de l'appareil réticulaire. La troisième assise, entièrement couverte de sculptures représentant des losanges, est la portion la plus remarquable de cet étrange édifice, auquel nos guides indigènes, qui, soit dit en passant, connaissent fort peu le pays, ne donnent aucun nom particulier. Cette ruine et la rencontre de quelques plantes que nous n'avions pas encore vues (le *Reseda Alphonsi* entre autres) atténuent un peu la monotonie d'une marche en ligne droite sur un terrain uniformément plat, occupé par des *Tamarix* rabougris, des *Anabasis* et autres Salsolacées.

A midi et demie, nous atteignons le Bir Beni-Zid, réunion de trois puits non maçonnés, dont l'eau, quoique légèrement saumâtre, est encore l'une des meilleures que nous ayons trouvées depuis notre départ de Gafsa; dans l'un d'eux vit un *Chara* qui nous paraît intéressant.

L'existence d'eau potable en cet endroit, plus encore que la crainte de ne pouvoir atteindre dans la même journée un autre lieu de campement, nous détermine à y séjourner jusqu'au lendemain. Du reste, après les fatigues endurées la veille au passage de l'Oum-el-Asker, il est prudent de ne fournir qu'une courte étape, pour laisser prendre un peu de repos aux hommes et aux animaux.

Le reste de la journée est employé à la préparation des récoltes des jours précédents et à l'exploration du pays. Depuis le matin, nous apercevions dans la plaine un objet paraissant dépasser de cinq à six mètres tout ce qui l'environne et affectant la forme de deux piliers; accompagné d'un spahi, je me dirige, aussi directement que me le permet la mobilité du terrain, sur ce point qui m'intrigue et me paraît à peine distant d'un demi-kilomètre; mais j'ai déjà fait plus de trois kilomètres sur un sol uni et glissant, quand soudain nos deux chevaux s'enfoncent jusqu'au poitrail dans la vase argileuse; mettant immédiatement pied à terre, nous dégageons nos montures par un vigoureux effort, car le danger est sérieux, et remettant les chevaux sur un terrain plus solide à la garde de mon spahi, je profite de toutes les touffes d'*Atriplex* et d'autres Salsolacées qui m'offrent un point d'appui pour continuer, en décrivant de nombreux détours, à me rapprocher de l'objet qui pique ma curiosité depuis si longtemps. Parvenu enfin au but, ma déception est grande en me trouvant en face de deux buissons de *Tamarix pauciovulata*, hauts d'un mètre et demi environ et isolés au milieu d'une partie du terrain que les eaux semblent n'avoir laissé à découvert que depuis peu de jours. J'avais fait à peu près cinq kilomètres depuis le campement, dans le sol fangeux, sans rien découvrir d'intéressant et j'estimai non moins inutile qu'imprudent de pousser plus avant dans le chott, dont je connais maintenant les dangers. Mon retour s'effectue cependant sans nouvel accident, grâce à de grandes précautions et à de nombreux zigzags rendus nécessaires par le peu de consistance de ce sol glissant, couvert d'innombrables empreintes de pieds de Gazelles.

Au Bir Beni-Zid et sur les bords du Chott El-Fedjedj, nous avons recueilli entre autres espèces :

Reseda Alphonsi Müll. Arg.
Dianthus serrulatus Desf. *var.* grandiflorus.
Zygophyllum cornutum Coss.
Tamarix pauciovulata J. Gay.
Aizoon Hispanicum L.
Nitraria tridentata Desf.
Gymnarrhena micrantha Desf.
Amberboa Lippii DC.
Anchusa hispida Forsk.
Arnebia decumbens Coss. et Kral. *var.* macrocalyx.
Echinospermum Vahlianum Lehm.
Limoniastrum Guyonianum DR.
Arthrocnemum macrostachyum Moq.-Tand.
Caroxylum tetragonum Moq.-Tand.
Anabasis articulata Moq.-Tand.?
Halocnemum strobilaceum M.-Bieb.
Suæda vermiculata Forsk.
Atriplex mollis Desf.
Panicum Teneriffæ R. Br.
Sphenopus divaricatus Rchb.
Chara fœtida A. Br.?

Les Gazelles, nous venons de le dire, hantent les bords du chott, et les Gerboises abondent dans les terrains argilo-sableux du Bled Cherb.

Parmi les oiseaux, citons de nombreuses Tourterelles, des Gangas, toujours les mêmes Traquets, diverses Alouettes, et le Bruant Proyer, qui fait constamment entendre son cri strident.

Les reptiles sont peu abondants; nous ne prenons que le *Cœlopeltis insignitus*, ophidien qui se trouve partout.

Dans la classe des insectes, nous constatons l'abondance, sur les Jujubiers (*Zizyphus Lotus*), du *Julodis cicatricosa.* Citons encore le *Calosoma Olivieri*, qui, à la lumière, vient jusque sous nos tentes, et de nombreuses Cigales semblables à celle déjà signalée à l'Oum-el-Asker.

Par exception, la nuit est calme, ce qui nous permet de laisser très tard la tente ouverte, sans que nos bougies s'éteignent; nous en profitons pour faire d'abondantes captures d'insectes nocturnes que la clarté attire en foule, mais, lorsque les feux sont éteints, nous payons chèrement cette bonne aubaine par les attaques de trop nombreux moustiques qui troublent notre sommeil pendant toute la nuit.

Le lendemain, 24 mai, à huit heures du matin, nous reprenons notre voyage à travers une plaine sablonneuse, très herbeuse sur certains points, et parsemée de touffes de Jujubier sauvage (*Zizyphus Lotus*) qui forment les seuls buissons un peu élevés. Au ciel légèrement voilé du matin succède un soleil ardent qui, avec l'absence de brise, rend la marche très pénible. La plaine devient de plus en plus nue à mesure que nous avançons et depuis longtemps nous cherchons en vain un point favorable à la grande halte; ni une flaque d'eau, ni un seul arbre ne se montrent sur notre passage; de guerre lasse, vers midi, nous devons nous contenter du peu d'ombre que projettent sur le sable brûlant quelques touffes de Jujubiers un peu plus élevées que les autres. Plus nous avançons, plus la plaine et la solitude semblent grandir. Pour faire diversion à la monotonie du trajet, je fais un temps de galop jusqu'au pied d'un mamelon dont la teinte jaune rougeâtre a attiré mon attention depuis longtemps; j'y reconnais un calcaire tertiaire renfermant des coquilles fossiles. Je trouve à mon retour le convoi divisé en deux parties, la seconde si éloignée que durant une heure nous la croyons égarée. Après un temps d'arrêt, l'ordre s'étant rétabli, nous cheminons dans une plaine très cultivée, circonscrite par des montagnes peu élevées, plaine dans laquelle nous rencontrons des Arabes du Nefzaoua en train de dépiquer leur blé à l'aide de quatre chameaux attachés ensemble en ailes de moulin. D'après les renseignements que nous recueillons de la bouche de ces cultivateurs, l'eau manque absolument dans la plaine, mais nous devons trouver à peu de distance, disent-ils, un redir où elle est abondante et bonne. Prenant alors à gauche, suivant leurs indications, nous nous engageons dans un pays montueux, en nous dirigeant vers le nord; mais ce n'est guère qu'après avoir fait un trajet d'environ douze kilomètres, par de mauvais chemins, que nous atteignons, à la tombée de la nuit, le Redir Timiat, où nous installons nos tentes dans un sol pierreux, à proximité d'un creux de rocher rempli d'une eau relativement bonne. L'exploration de ce point, très curieux surtout sous le rapport géologique, prend toute la matinée du 25 mai. Situé au milieu d'un cirque de montagnes dolomitiques dont les crêtes sont curieusement découpées et dentelées, le lit du ravin dans lequel se trouve le Redir Timiat met à nu des calcaires très riches en fossiles. Certaines roches abondent en Nummulites, tandis que d'autres renferment des bivalves et des Turrilites de grande dimension, mais fort difficiles à détacher. Ces couches paraissent être inférieures au terrain de dolomie et aux bancs d'Huîtres signalés à l'Oum-Guehafa.

Le Redir Timiat est l'un des points les plus intéressants que nous ayons visités, en raison de l'abondance des fossiles qui s'y trouvent dans un calcaire à Orbitolines de l'étage urgo-aptien (Rolland); ils sont mis à nu par les eaux dans le lit même du torrent, à sec au moment de notre passage, excepté dans le redir. Parmi les fossiles recueillis, nous citerons : *Trigonia* f. *aliformis*, *Nerinea Pauli*, *Pholadomya Darassi.*

La flore et la faune vivantes du Redir Timiat ne sont pas moins riches que la faune fossile; nous voudrions y rester plus longtemps, mais, bien que la distance qui nous sépare du Redir Oum-Ali ne soit pas très grande, nous levons le camp à midi, dans la crainte de rencontrer des passages aussi dangereux que celui du Khanget Oum-el-Asker, dont nous conserverons longtemps le souvenir.

Nous avons retrouvé au Redir Timiat les mêmes Cigales qu'à l'Oum-el-Asker, des *Branchipus* dans le redir, et au bord même, le *Pentodon pygidialis*, lamellicorne saharien, courant sur le sol après la pluie.

Parmi les plantes de cette station, qui forment une longue liste, nous citerons seulement :

Reseda Alphonsi Müll. Arg.
— propinqua R. Br.
Silene apetala Willd.
Haplophyllum tuberculatum Adr. Juss.
Hedysarum carnosum Desf.
Pteranthus echinatus Desf.
Nitraria tridentata Desf.
Eryngium, espèce nouvelle ?
Deverra scoparia Coss. et DR.
Callipeltis Cucullaria Stev.
Asteriscus pygmæus Coss. et DR.
Pyrethrum fuscatum Willd.
Amberboa Lippii DC.
Heliotropium undulatum Vahl.
Statice Thouini Viv. *var.*
Euphorbia glebulosa Coss. et DR.
Ephedra fragilis Desf.
Asphodelus viscidulus Boiss.
Panicum Teneriffæ R. Br.
Pennisetum asperifolium Kunth.
Chloris villosa Pers., du Sahara algérien, signalé à Gafsa par Desfontaines et trouvé en 1883 à l'Oued Cherichira.
Pappophorum scabrum Kunth., plante de Biskra et du Cap, nouvelle pour la Tunisie.

Tandis que l'on roule les tentes, un vent d'est, qui souffle avec rage et avec accompagnement de gouttes de pluie, amène la perte du baromètre Fortin qu'il renverse sur un rocher pendant que je procède à l'observation quotidienne. Dorénavant, nous ne pourrons donc plus contrôler les indications données par les anéroïdes et les holostériques; heureusement que l'un de nos holostériques n'a jamais donné que des écarts insignifiants avec le Fortin.

Pendant que nous gravissons la montagne, la pluie prend de l'intensité et nous fait craindre des avaries dans notre bagage; mais le beau temps a déjà reparu lorsque nous franchissons la grande muraille qui traverse le col de Fedj Oum-Ali; par un chemin très dangereux quoique très frayé, nous sommes conduits rapidement au Redir Oum-Ali, où nous trouvons de l'eau en abondance et un bel emplacement pour dresser nos tentes. Ce point est des plus remarquables par la puissance des dépôts alluvionnaires qui occupent tout le fond de la vallée et qui sont profondément ravinés dans tous les sens par les eaux pluviales. Avant d'arriver au redir, nous avions déjà rencontré un assez grand nombre de silex taillés; en parcourant les alentours du campement, nous ne tardons pas à constater que nous sommes au centre d'une station préhistorique des plus importantes. Des lames ou grattoirs gisent par centaines sur le sol sableux, tandis que des haches, des nucleus, des percuteurs, appartenant tous à l'âge de la pierre taillée, sont semés sur les pentes et principalement autour de gros blocs qui ont dû constituer des enceintes.

Durant toute la nuit, un vent furieux ne cesse de nous assaillir, précédant un orage assez violent accompagné d'une forte pluie qui dure même le lendemain, 26 mai, de sept heures à midi. En dépit de la contrariété que nous cause le mauvais temps, nous poursuivons nos recherches de silex taillés, que favorisent le lavage et la dénudation du sol par l'écoulement des eaux de pluie. Poussant mes investigations à quelque distance du camp, je suis assez heureux pour rencontrer de véritables ateliers de fabrication, tandis que, d'un autre côté, M. Bonnet découvre un foyer culinaire où les instruments sont mêlés aux débris de cendre et de charbon et à des amas d'escargots calcinés (*Helix candidissima* var.) identiques à ceux qui vivent actuellement dans le pays.

A la faveur d'un ciel redevenu beau, nous consacrons l'après-midi de ce même jour à l'exploration du pays jusqu'à la grande muraille que nous avons rencontrée sur notre passage et qui nous avait du reste été indiquée avant notre départ de Gafsa. Cette singulière construction, dont l'origine romaine ne laisse aucun doute, mesure en moyenne 4 mètres de hauteur sur $1^{m},50$ d'épaisseur à la base. Partant des rochers à pic qui s'élèvent au-dessus du col qu'elle coupe, et suivant une arête ro-

IMPRIMERIE NATIONALE.

cheuse, elle se prolonge jusqu'au fond de la vallée où elle est terminée par les restes d'un barrage construit avec d'énormes blocs taillés ; sa longueur totale est d'environ 300 mètres. A la rencontre de la route, dont elle commande le passage, existait un petit bastion carré, dont on peut encore apprécier facilement la forme et les proportions. On voit aussi sur une partie de sa longueur une sorte de retrait à mi-hauteur ayant servi sans doute de chemin de ronde. Une légende arabe donne à ce mur une origine fantaisiste ; elle aurait été construite par une veuve qui avait deux fils, dont l'un, plein de vertus et de respect pour les volontés maternelles, ne cessa de vivre auprès d'elle dans les montagnes auxquelles il a laissé son nom d'Oum-Ali, tandis que l'autre, devenu un aventurier redouté, aurait fait sa résidence habituelle dans les défilés d'Oum-el-Asker, qui ont également hérité de son nom. La muraille aurait été destinée à interdir à ce dernier les domaines de son frère Ali dans la plaine de Cegui, au pied même du Djebel Oum-Ali. Telle est la légende arabe, mais il est beaucoup plus probable que ce mur a été construit par les Romains sur le seul passage praticable conduisant au Nefzaoua, soit comme limite de province, soit comme moyen de défense contre les incursions des peuplades indigènes, soit enfin dans le but de faire payer un droit d'entrée aux marchandises provenant des pays non occupés.

Aux alentours de la muraille un chaos de rochers dolomitiques et d'amas de poudingues et d'alluvions rouges donne au site l'aspect le plus sauvage. Il eût été intéressant d'y séjourner et d'y chasser, car les oiseaux y sont nombreux ainsi que les mammifères, entre autres les Mouflons, dont on rencontre partout les traces surtout aux abords du redir où ils viennent boire en troupes pendant la nuit.

M. Valéry Mayet et moi, nous rencontrons sur le sol, auprès de la muraille, une grande pierre de grès, ovale, longue de 45 centimètres et large de 25 centimètres, bombée d'un côté, plate et unie sur l'autre face. Cette pierre, d'une forme régulière due évidemment au travail de l'homme, nous intrigue au point de vue de sa destination, mais elle est trop volumineuse pour que nous puissions la transporter au campement, dont nous sommes malheureusement assez éloignés. A dix mètres plus loin, une seconde pierre en tout semblable à la première, mais de dimensions beaucoup moindres (8 centimètres sur 15 centimètres), s'offre à nos regards et je m'empresse de m'en emparer. Nous ne pouvons regarder ces deux objets que comme étant destinés à broyer le grain.

Outre les énormes dépôts d'alluvion argilo-sableux, profondément ravinés par les eaux et renfermant d'innombrables silex taillés, nous signalerons à l'Oum-Ali quelques filons de gypse, des grès et des dolomies sur les crêtes comme aux alentours du Redir Timiat, qui n'en est du reste que peu éloigné.

La halte de deux jours que nous avons faite en cet endroit nous a permis de récolter un grand nombre de plantes, mais comme la liste complète contiendrait de nombreuses espèces vulgaires communes à tout le pays, nous n'en extrairons que les espèces suivantes :

Delphinium peregrinum L. *var.* halteratum.
Matthiola livida DC.
Farsetia Ægyptiaca Turr.
Helianthemum Kahiricum Delile.
Reseda Alphonsi Müll. Arg.
— Duriæana J. Gay.
— propinqua R. Br.
Erodium arborescens Willd.
— hirtum Willd.
Rhus oxyacanthoides Dum.-Cours.
Astragalus tenuifolius Desf.
Anthyllis tragacanthoides Desf.
Hedysarum carnosum Desf.
Gymnocarpon decandrum Forsk.
Ferula Vesceritensis Coss. et DR.
Eryngium ilicifolium Desf.
— espèce nouvelle?
Callipeltis Cucullaria Stev.
Asteriscus pygmæus Coss. et DR.
Anacyclus Alexandrinus DC. *var.*
Calendula gracilis DC.
Carduncellus eriocephalus Boiss.
Atractylis prolifera Boiss. *var.*
— citrina Coss. et Kral.
Centaurea contracta Viv.
Zollikoferia quercifolia Coss. et Kral.
Convolvulus Siculus L.
Anchusa hispida Forsk.
Celsia laciniata Poir.
Linaria simplex DC.
Anarrhinum brevifolium Coss. et Kral.
Scrophularia arguta Ait.
Euphorbia glebulosa Coss. et DR.
— falcata L.
Forskahlea tenacissima L.
Asphodelus tenuifolius Cav.
Pancratium *sp.* sans fleurs et sans fruits.
Notochlæna Vellea Desv.

Le Redir d'Oum-Ali est une station fort intéressante. De nombreuses traces y indiquent la présence en grand nombre de l'Hyène, du Chacal, du Mouflon et du Gundi.

Les reptiles paraissent y être peu abondants; nous y signalerons cependant le *Cœlopeltis insignitus* et le *Gongylus ocellatus*. Parmi les insectes : *Calosoma Olivieri* et *C. indagator*, *Cicindela Ægyptiaca*, *Pimelia Tunetana*, *Purpuricenus Desfontainei* (joli Longicorne trouvé sur le *Rhus oxyacanthoides*), un *Cebrio* inconnu pris sur une Graminée. On y trouve aussi d'énormes Scorpions et un Galéode noir à pieds rouges, *Rhax ochropus*. Les *Helix* des groupes *candidissima* et *melanostoma* ainsi que l'*H. Doumeti* y sont en abondance.

Ce n'est pas sans regret que nous sommes contraints, le 27 mai, à une heure du soir, de quitter notre campement d'Oum-Ali. Un séjour plus prolongé dans cette localité eût été fécond en résultats, mais le temps presse, car il nous faut atteindre ce jour même le Bir Marabot, d'où nous devons nous diriger sur le Djebel Berd que nous tenons à visiter avant de reprendre la route de Gabès.

Ayant franchi un dernier col, moins élevé que celui où se trouve la grande muraille, nous entrons dans le Bled Cegui, plaine fertile, cultivée partiellement par les Arabes. Quelques champs que nous traversons se font remarquer par une curieuse variété de blé, offrant des épis très longs, très serrés de grain, et absolument dépourvus de barbes. Nous nous détournons un peu sur la gauche pour examiner un petit bâtiment romain, sorte de campanile carré, rehaussé à sa partie supérieure de colonnettes plates et cannelées; plusieurs autres monuments analogues se succèdent de distance en distance dans cette vaste plaine; on peut supposer qu'ils jalonnaient en quelque sorte une route allant sans doute de la cité dont les ruines se voient à Oglet Mehamla à celle dont nous avons rencontré les vestiges avant d'arriver au Khanget El-Asker. La traversée du Bled Cegui, vaste plaine où la fertilité du sol est révélée par des prairies naturelles très herbeuses, des cultures et l'abondance du *Cynara Cardunculus*, ne nous a fourni cependant que peu d'espèces de plantes intéressantes :

Ferula Vesceritensis Coss.
Callipeltis Cucullaria Stev.
Senecio Decaisnei DC.
Carduus Arabicus DC.
Amberboa crupinoides DC.
— Lippii DC.
Heliotropium supinum L.
Anarrhinum brevifolium Coss. et Kral.
Euphorbia calyptrata Coss. et DR., espèce existant en Algérie, nouvelle pour la Tunisie.

Nous constaterons aussi, plus tard, dans la portion de la plaine avoisinant le massif des montagnes des Aïeïcha, la présence du Gommier (*Acacia tortilis*), par pieds isolés, restes d'une ancienne forêt se reliant sans doute à celle du Tahla en contournant les montagnes. Plus loin, tandis que nous recueillons, sur une petite éminence, quelques silex taillés, une troupe de plus de trente Gazelles fuit rapidement à notre approche. La grosse Alouette huppée, la Caille bédouine (*Turnix tachydromus*), le Bruant Proyer et diverses espèces de Traquets foisonnent dans les champs d'orge et les plantureux herbages où domine l'*Hedysarum carnosum*, plante fourragère qui y atteint des proportions exceptionnelles et qu'il serait sans doute avantageux de multiplier par la culture. Après trois heures de marche, nous arrivons à la grande route de Gafsa à Gabès, puis, tournant à l'ouest, nous atteignons bientôt, en côtoyant le lit d'un oued sans eau, la station du Bir Marabot, située entre plusieurs monticules couronnés par des restes d'antiques constructions; là, près de ce puits profond dont l'eau est potable, nous établissons notre camp à côté d'un petit bordj abandonné. Pendant que l'on dresse les tentes, je me dirige vers un plateau allongé à l'extrémité duquel j'aperçois une ruine romaine. Mon attention ne tarde pas à être éveillée par un grand nombre de silex taillés dont quelques-uns fort remarquables. Je suis, à n'en pas douter, sur l'emplacement d'un atelier, et plus j'approche de l'édifice en ruines, plus les instruments deviennent nombreux; enfin, au pied même de cette construction sous laquelle existe une cave voûtée qui a pu être une citerne, je recueille plusieurs grattoirs et poinçons encore au milieu des éclats de la pierre d'où ils ont été extraits; je rencontre aussi, à différentes places, des fragments de quartz cristallisé, débris de géodes qui ont dû être brisées dans le but de fabriquer des instruments avec les fragments du silex qui en formait l'enveloppe. Ces géodes proviennent sans doute des montagnes du massif des Aïeïcha, situées à une faible distance, et ont été transportées par l'homme, à moins toutefois, ce qui est moins probable, qu'elles n'aient été entraînées par les crues des oueds qui descendent des flancs de ces montagnes. A mon retour, nous tenons conseil et décidons que le lendemain, tandis que nous irons camper au pied du Djebel Berd, éloigné du Bir Marabot de huit kilomètres seulement, le brigadier et deux hommes de l'escorte se rendront à Gafsa pour chercher les vivres dont nous aurons besoin jusqu'à Gabès. L'Arabe qui nous a suivis jusqu'ici avec son enfant malade se décide enfin à se séparer du « thebib francis » auquel il témoigne toute sa gratitude pour les soins donnés à l'enfant pendant le trajet pénible que nous venons de faire. Je dois reconnaître que la présence de ce compagnon volontaire a été plus d'une fois gênante pour nous, mais, en revanche, il y a tout lieu de croire que l'occupation française y aura gagné un chaud partisan.

A six heures du matin, le 28 mai, nous sommes en route pour le Djebel Berd, côtoyant des collines couvertes de vestiges de constructions qui sont terminées sur le bord d'un petit oued, sans eau comme les autres, par une sorte de retranchement dont on peut suivre encore aisément la ligne d'enceinte en maçonnerie. A mesure que nous montons, le chemin devient difficile et la chaleur gênante. Un certain nombre de reptiles et beaucoup d'insectes sont capturés, mais la flore est pauvre et monotone. Nous franchissons des couches effondrées de dolomie, puis, côtoyant un ravin dépourvu d'eau, nous arrivons vers dix heures, par une série de plates-formes que circonscrivent des restes d'enceintes en pierre sèche, sur un petit plateau voisin d'un redir suffisamment pourvu d'eau et nous y installons notre tente.

Les sommets du Djebel Berd se dressant en face de nous, il nous est facile, du point où nous sommes, de nous fixer sur la meilleure route à suivre pour les atteindre, ce que nous comptons faire dans l'après-midi. Mais tandis que, le repas fini, nous explorons les alentours du campement, le ciel se charge de gros nuages venant du nord et, vers une heure et demie, un violent orage éclate avec un fracas épouvantable, déversant sur nous une pluie diluvienne qui envahit notre tente malgré la rigole qui l'entoure. En quelques instants, le ravin redevenu torrent roule d'énormes quartiers de rochers, et nous voyons arriver, avec la rapidité d'un cheval lancé au galop, une vraie nappe d'eau qui débouche par tous les replis du terrain. Nous pouvons alors nous rendre exactement compte de l'action dévastatrice des eaux sur ces pentes escarpées, à peu près dénudées ou tout au moins dépourvues de végétation arborescente, et lorsque, au bout d'une heure environ, la pluie ayant cessé, notre vue peut embrasser de nouveau la plaine, nous la voyons en grande partie transformée en nappe d'eau. Le ciel étant redevenu serein, M. Valéry Mayet et moi nous nous mettons en devoir d'opérer une reconnaissance dans la montagne à la recherche des passages les plus commodes pour en atteindre le lendemain le point culminant. Séduits bientôt par la fraîcheur de la température qui rend la marche moins pénible, récoltant sur les plantes ou sur le sol les insectes qui commencent à reparaître, et recueillant de nombreux fossiles dans les marnes friables, nous gravissons successivement de monticule en monticule, de crête en crête, et arrivons finalement, après avoir franchi plusieurs passages dangereux, à une coupure à pic large de quelques mètres, qui seule nous sépare de la pente terminale. Ce dernier obstacle est rendu plus dangereux par la nature friable de la roche de gypse cristallisé qui s'éboule sous nos pieds et se détache dans nos mains. Être arrivés si près du but et renoncer à l'atteindre, par la seule crainte de franchir un obstacle de quelques mètres au delà duquel toute difficulté va cesser, nous paraît indigne de nous; aussi, profitant d'aspérités moins friables, nous n'hésitons pas longtemps à braver le danger, espérant pouvoir accomplir le jour même ce que nous avions projeté pour le lendemain. Mais, le mauvais pas franchi, un contretemps plus sérieux vient s'opposer à la réalisation de ce projet; un brouillard épais, qui monte de la vallée, enveloppe soudain la montagne; le jour tire sur son déclin et nous ignorons complètement la topographie du Djebel Berd; quelque dur qu'il puisse être de renoncer à un but presque atteint, mes souvenirs, ma vieille expérience des montagnes, et les dangers que j'ai trop souvent courus en pareille circonstance, me font un devoir de m'opposer énergiquement à une nouvelle tentative. Ne voulant pas reprendre le chemin dangereux par lequel nous sommes montés, nous opérons la retraite vers le fond de la vallée par un éboulis de calcaire mélangé de gypse que nous ne pouvons traverser sans prendre de sérieuses précautions pour ne pas être entraînés avec les débris de pierre qui roulent sous nos pas. Nous nous trouvons alors au centre d'un grand cirque formé par les rochers à pic des crêtes du sommet et des contreforts de la montagne. N'oubliant pas le but de nos recherches, malgré les difficultés de la marche, nous avons le regret de constater sur ce point la pauvreté et la monotonie de la flore et de la faune, mais nous sommes frappés de la quantité extraordinaire de traces de Mouflons imprimées sur le terrain. Le nombre de ces ruminants est si grand qu'ils ont tracé sur les pentes de la montagne des sentiers aussi battus que ceux que font les moutons aux alentours des bergeries. A plusieurs reprises même, il nous arrive de maudire ces sentiers, si frayés qu'ils nous conduisent à des impasses et retardent par des contremarches notre rentrée au campement que nous avons grand'peine à atteindre avant la nuit.

Le lendemain matin, dès cinq heures, escortés d'un de nos spahis, nous sommes déjà, M. Valéry Mayet et moi, en train de gravir la montagne, l'abordant cette fois par le côté opposé à celui que nous avions suivi la veille. La portion que nous visitons est beaucoup plus couverte de broussailles, mais la flore n'en est pas pour cela plus variée. Nous abandonnons au bout de peu de temps un large chemin très frayé qui paraît se diriger vers la plaine du Bled Cegui et nous montons directement vers la crête que nous ne tardons pas à atteindre et que nous suivons jusqu'au sommet.

Sur le versant sud, quelques pieds isolés de *Pistacia Atlantica* se font remarquer par leur verdure plus tendre que celle des buissons qui les entourent; ce sont les seuls arbres que l'on aperçoive. De véritables champs d'*Erodium arborescens* en pleine floraison sont d'un effet merveilleux. Nous n'avions encore jamais rencontré cette plante en aussi grande abondance.

Autour des fleurs de ce bel *Erodium*, voltigent de nombreux Lépidoptères intéressants; ce sont, principalement, un *Papilio* du groupe *Machaon*, des *Pieris* et des *Anthocharis;* nous regrettons de n'avoir ni le temps ni les engins nécessaires pour en faire la chasse. Le grand Martinet noir se livre à de rapides évolutions, rasant parfois le sol, et quelques rapaces planent au-dessus de nous en ayant soin de se tenir hors de la portée du fusil. A huit heures, nous avons atteint le point culminant, indiqué par une pyramide topographique de trois mètres de haut, bâtie à pierres sèches. De là, nous jouissons d'un coup d'œil imposant; la vue embrasse toutes les plaines environnantes limitées, au sud, par les Djebels Oum-Ali et Oum-el-Asker, au nord par le massif du Djebel Arbet et des Aïeïcha; on voit au loin Gafsa et El-Guettar, et, près de ce dernier village, la sebkha dont il y a quelques jours nous avons traversé une partie. A la satisfaction que nous éprouvons à contempler sous un ciel splendide ce magnifique panorama, vient se mêler un regret; c'est celui de constater que le sommet sur lequel nous nous trouvons n'est pas le plus élevé du massif du Djebel Berd, qui est divisé en deux par une large coupure; le véritable sommet, qui nous paraît d'une centaine de mètres plus haut que celui où nous sommes, appartient à la portion ouest du massif. Pour explorer ce côté de la montagne, peut-être le plus intéressant, il ne faudrait pas moins de trois jours que nous ne pouvons pas y consacrer.

Continuant à suivre la crête afin de descendre par un escarpement situé plus à l'ouest, nous dépassons la croupe par laquelle nous étions montés la veille. Ce n'est pas sans quelque danger que, nous aidant des mains, nous sautons les degrés formés par des roches gypseuses friables. Un faux pas de notre spahi manque de causer un déplorable accident, car, dans sa chute, les chiens du fusil qu'il porte en bandoulière se rabattent en frappant sur le roc et la charge passe à quelques décimètres de la tête de M. Valéry Mayet qui se trouve en arrière.

Après une heure d'efforts pour atteindre le ravin, notre trajet est encore considérablement allongé par une série d'érosions profondes qu'il nous faut successivement franchir et parfois contourner avant d'arriver au fond de la vallée. La chaleur est très forte dans ces gorges abritées, mais heureusement la pluie tombée la veille a laissé dans les ruisseaux assez d'eau pour que nous puissions nous désaltérer, et nous avons enfin la chance de trouver sur notre route un énorme pied de *Juniperus Phœnicea* à l'ombre duquel nous pouvons faire une halte de quelques instants.

La flore du Djebel Berd ou Berda est moins riche, au moins dans la portion que nous en avons explorée, que ne pourraient le faire supposer sa situation méridionale et son altitude (environ 1100 mètres). Le temps nous a manqué pour en visiter tous les versants et pour en aborder la partie occidentale, séparée du reste du massif par une coupure profonde. Nous noterons cependant les espèces suivantes :

Lonchophora Capiomontiana DR.
Moricandia suffruticosa Coss. et DR.
Diplotaxis pendula DC.
Rapistrum bipinnatum Coss. et Kral.
Helianthemum Kahiricum Delile.
— virgatum Pers. *var.* asperum.
Reseda Alphonsi Müll. Arg.
— stricta Pers.
Dianthus serrulatus Desf.
Erodium hirtum Willd.
— arborescens Willd., formant de véritables champs sur la crête.
— — *var.* incisum.
— glaucophyllum Ait.
Haplophyllum linifolium Adr. Juss.
Pistacia Atlantica Desf.
Hedysarum carnosum Desf.
Tamarix pauciovulata J. Gay.
Pteranthus echinatus Desf.
Reaumuria vermiculata L.
Deverra chlorantha Coss. et DR.
Carum Mauritanicum Boiss. et Reut.
Callipeltis Cucullaria Stev.
Pyrethrum fuscatum Willd.
Asteriscus pygmæus Coss. et DR.
Senecio coronopifolius Desf.
Atractylis prolifera Boiss. *var.*
Zollikoferia quercifolia Coss. et Kral.
Apteranthes Gussoneana Mik.
Caroxylum articulatum Moq.-Tand.
Euphorbia Bivonæ Steud.
Scilla villosa Desf., spécial à la Tunisie.

De retour au campement à midi, nous fixons la levée du camp à trois heures du soir; mais au moment où nous nous apprêtons à replier la tente, un nouvel orage, aussi violent que celui de la veille, fond sur la montagne et nous oblige à retarder le départ de plus d'une heure. Dès que la pluie cesse et pendant que l'on procède au chargement, je fouille les alentours du campement et j'ai la chance de rencontrer et de tuer d'un coup de fusil un bel *Echidna Mauritanica*, grande Vipère des plus dangereuses, que la pluie avait sans doute mise en mouvement. C'est ce même reptile que l'on trouve assez abondamment au pied de la montagne de Zaghouan où il nous avait été donné en 1883. La classe des reptiles nous a encore fourni une Couleuvre extrêmement effilée, de couleur grise (*Periops Algira*). Notons aussi le *Bufo pantherinus*.

Le sommet donne les mêmes insectes que le Djebel Hattig, mais la base de la montagne est plus riche : de nombreuses Cigales, l'*Ephippiger Oudrianus*, beaucoup d'*Ascalaphus*, le *Julodis cicatricosa*, le *Purpuricenus Desfontainei*, un *Drilus* et un *Sitaris* non déterminés. Les Lépidoptères sont nombreux et intéressants; beaucoup d'*Anthocharis* et de genres voisins, et un fort beau *Papilio* dont la chenille vit sur les *Deverra*.

On retrouve au Djebel Berd la plupart des étages géologiques des Aïeïcha et du Djebel Sened. L'*Ostrea Mermeti* y abonde dans les marnes feuilletées grises. Des gisements importants de gypse cristallisé alternent avec ces marnes sur les contreforts escarpés de la montagne, dont les couches supérieures, qui paraissent être tertiaires, sont inclinées vers le sud, c'est-à-dire dans le sens inverse de celles des autres massifs montagneux.

Après avoir essuyé plusieurs averses durant le trajet, nous sommes de retour au Bir Marabot à cinq heures et demie du soir. En dépit de la pluie, j'utilise les quelques heures de jour qui restent encore à explorer un mamelon surmonté d'un petit bordj, situé de l'autre côté du lit de l'oued. De nombreux silex taillés et des masses de débris entassés autour des rochers ne me permettent pas de douter qu'il n'ait existé sur ce point un autre établissement et un atelier préhistoriques des plus importants. La pluie et l'approche de la nuit me forcent à interrompre ma fructueuse récolte de silex taillés, mais je me promets bien d'y revenir, ce que je ne manque pas de faire le lendemain matin 30 mai. Mes recherches sont de nouveau couronnées de succès et je rentre avant midi, chargé d'instruments en silex, dont quelques-uns fort remarquables par la finesse des retouches.

VII

Du Bir Marabot à Gabès : Bir Zellouza, Oglet Mehamla, Gueraat El-Fedjedj, Oudref. — Séjour à Gabès.

Le 30 mai, à une heure du soir, nous reprenons définitivement la direction de Gabès, distant de trois étapes. La route que nous suivons, non sans faire plusieurs pointes à droite ou à gauche, traverse longitudinalement la vaste et fertile plaine de Cegui, limitée au nord par le massif des Aïeïcha, au sud par les chaînes de basses montagnes qui bordent le Chott El-Fedjedj dont elles nous interceptent la vue. La principale reconnaissance que nous faisons, sur la gauche, dans la direction des montagnes des Aïeïcha, est motivée par le désir d'examiner de près un arbre isolé que nous supposions avec raison être un Gommier (*Acacia tortilis*), arbre que nous n'avons plus rencontré depuis que nous avons quitté le Bled Tahla. L'existence dans la plaine de quelques individus épars de cette espèce nous fait supposer que la majeure partie des arbres que nous apercevons au pied des montagnes situées à notre gauche sont aussi des Gommiers. L'*Acacia tortilis* occupe donc une étendue de pays beaucoup plus considérable que je ne l'avais supposé en 1874, car nous avons maintenant la certitude qu'il croît non seulement dans la plaine du Tahla, mais encore tout autour du puissant massif de montagnes qui comprend les Djebels Madjoura, Bou-Hedma, Arbet, El-Aïeïcha et Beni-Amrham. S'il est beaucoup moins abondant au pourtour de ce massif que dans le Bled Tahla même, cela tient sans doute à ce que les terres y sont depuis longtemps beaucoup plus cultivées et que le pays étant plus habité à l'extérieur qu'à l'intérieur de ce massif, l'œuvre de déboisement s'est accomplie plus activement.

Durant le trajet de quelques kilomètres que nous faisons pour reconnaître les Gommiers, nous remarquons, épars dans les champs et les terres vagues, un assez grand nombre d'instruments en silex de plus grandes dimensions que ceux que nous avons rencontrés jusqu'ici, et nous capturons abondamment le magnifique Bupreste (*Julodis cicatricosa*) qui couvre en certains endroits les buissons de Retam (*Retama Rætam*) et de Jujubier (*Zizyphus Lotus*).

Plus nous avançons, plus le pays devient fertile et cultivé; de nombreux troupeaux paissent dans la plaine et les douars se multiplient. Nous apercevons sur notre droite un monument analogue à l'espèce de columbarium que nous avons rencontré dans cette même plaine entre le Djebel Oum-Ali et le Bir Marabot.

Nous n'arrivons au Bir Zellouza (le puits de l'Amandier) qu'à sept heures du soir, après avoir longtemps cherché ce point où nous devons passer la nuit. Les puits, surmontés d'une sorte d'armature carrée en bois, y sont nombreux, mais l'eau en est mauvaise, tandis qu'elle nous avait été signalée comme bonne. Ce motif nous décide à camper de préférence à deux ou trois cents mètres en arrière, auprès d'un redir où l'eau, grossie par les pluies des jours précédents, est aussi savoureuse qu'abondante. Le pays est couvert de belles cultures et peuplé d'une multitude d'oiseaux (Gangas, Pigeons, Alouettes, Tourterelles, Traquets, Moineaux et autres passereaux) qu'attire l'eau des puits et du redir. La halte au Redir Zellouza ne nous offre rien d'intéressant comme plantes. En revanche nous y retrouvons en grande abondance, dans les eaux du redir, les curieux *Apus cancriformis* et *Numidicus* déjà recueillis au Redir Zitoun dans le Djebel Oum-el-Asker, et nous y prenons, courant dans la vase, deux individus d'un superbe Carabique jaune tacheté de noir, nouveau pour la Tunisie, que M. Valéry Mayet rapporte au *Brachinus nobilis*. Peu avant d'arriver au redir, nous avions retrouvé en grand nombre, sur les Retam et les *Acacia tortilis*, le splendide *Julodis cicatricosa*.

Le lendemain matin, dernier jour du mois de mai, une abondante rosée couvre toutes les herbes. Nous quittons, vers huit heures, le Bir Zellouza, cédant la place à une compagnie d'artillerie qui vient d'arriver et de dresser ses tentes à quelques pas des nôtres. Les officiers ne nous faisant pas l'honneur de venir nous visiter, nous agissons de même et poursuivons notre route vers Oglet Mehamla. A notre gauche, entre la montagne des Beni-Amrham et celles des Aïeïcha, on distingue fort bien le col d'El-Affaï où passe la route de Gafsa par El-Aïeïcha. A droite, nous voyons le Djebel Ghedifa, qui termine la chaîne comprenant le Djebel Oum-Ali. Les Gommiers se montrent toujours de distance en distance par pieds isolés, dans la plaine sur la gauche, c'est-à-dire vers les montagnes des Aïeïcha. Après avoir traversé en partie une sebkha desséchée, dans le but d'examiner deux lambeaux de terrasses de quatre mètres de haut, restes de l'ancien niveau du terrain, qui nous apparaissaient de loin sous la forme de deux monuments en ruine, nous rencontrons la route d'El-Affaï par laquelle nous arrivons, à midi, à Oglet Mehamla, point de séparation des deux routes de Gafsa à Gabès. Le sol de la sebkha, limoneux et glissant, est couvert de Salsolacées, d'*Atriplex*, de *Limoniastrum* et d'*Æluropus littoralis*.

Les seules plantes intéressantes que nous ont offertes les environs de l'Oglet Mehamla sont : *Acacia tortilis* (un ou deux pieds rabougris, les derniers que nous trouvons), *Marrubium deserti* et *Haplophyllum tuberculatum*.

Oglet Mehamla, où réside actuellement et en permanence un poste de correspondance, est une réunion de puits d'origine romaine, mais dont les margelles en pierre ont été refaites par les Français à l'aide de matériaux empruntés aux édifices de l'antique cité dont les ruines occupent un vaste espace à côté même du poste et du retranchement. On dirait un assemblage de dunes de sable devant lesquelles on pourrait passer indifférent, n'étaient les restes, encore debout, d'un temple, d'un théâtre et de plusieurs édifices à colonnes assez importants. Quelques fouilles qui ont été pratiquées sur ce point ont mis à découvert divers débris curieux, entre autres une pierre carrée portant un relief assez grossier représentant des slouguis (lévriers) chassant un lièvre; une seconde pierre semblable représente une urne gardée par deux slouguis.

La visite des ruines et l'exploration des environs d'Oglet Mehamla occupent le peu d'heures que nous laisse le soin de nos collections.

On doit noter à Oglet Mehamla l'extrême abondance des gros Scarabées sacrés (*Ateucus sacer*) qui viennent le soir se heurter par centaines sur la toile de nos tentes. Les dunes de sable fournissent les mêmes espèces que celles de Gafsa et de la plaine de la Madjoura, en y ajoutant toutefois une toute petite Cigale, *Cicada annulata*, que nous devons retrouver jusqu'à Gabès, et un joli Buprestide (*Acmœodera vicina*) que l'on prend sur les fleurs du *Convolvulus althœoides*. Ces deux captures sont faites à l'Oued Rhoda.

Nous voyons sur divers points le Catharte alimoche tournoyer dans les airs, et nous capturons en fait de reptiles : *Agama inermis*, *Plestiodon Aldrovandi*, ainsi que quelques autres des espèces déjà citées.

Le vent et la pluie viennent bientôt interrompre notre exploration et, dans le milieu de la nuit, nous sommes réveillés par des coups de tonnerre accompagnant une forte averse qui, heureusement, dure peu et se borne à rafraîchir sensiblement la température et à amener sous la tente quantité de *Bufo viridis*.

Nous quittons Oglet Mehamla le 1er juin, à sept heures et demie du matin. Le pays désertique que nous traversons durant les premières heures est d'une navrante monotonie; point ou presque pas de végétation arborescente; cependant, un pied de Gommier est signalé avant de passer un col qui nous conduit au Djebel Rhoda, au delà duquel nous ne rencontrerons plus cette curieuse espèce.

Nous faisons halte à l'Oued Rhoda, oued à sec, à l'abri de quelques fortes touffes de Damouk (*Rhus oxyacanthoides*) qui nous font payer cher leur ombrage en nous déchirant les vêtements et les mains.

Sur une petite éminence voisine, que sa disposition en forme de plateau nous fait présumer avoir servi de *castrum*, nous trouvons quelques silex taillés. De la direction est que nous suivions jusqu'alors, la route a brusquement dévié au sud et elle continue à être très frayée et bordée de ruines romaines situées à peu de distance les unes des autres. Sur notre gauche, un plateau très étendu est couvert de sépultures très anciennes et, à un kilomètre et demi plus loin, nous rencontrons, sur le bord de la route même, un édifice en forme de columbarium assez bien conservé. Presque en face se trouvent d'importantes ruines dont l'une montre encore les restes d'une sorte d'abreuvoir. Nous atteignons peu après la Gueraat El-Fedjedj où nous devons camper. C'est une sorte de bassin marécageux qui reçoit toutes les eaux provenant des hauteurs voisines; la dépression est assez sensible et suffisamment circonscrite de toutes parts pour que, quelques mois avant notre passage, par suite de pluies abondantes, une colonne française campée sur ce point ait couru de sérieux dangers. Vers le milieu de cette dépression, couverte en ce moment d'une herbe très rase, broutée qu'elle est par de nombreux troupeaux, se trouvent plusieurs puits aux trois quarts éboulés, où viennent s'alimenter d'eau les populations très nombreuses qui habitent les environs. Quelques-uns de ces puits sont même abandonnés et remplis d'une eau boueuse qui exhale une odeur fétide. Tandis que le camp se dresse et que nous herborisons dans le marais, dont la flore offre quelque intérêt, quatre de nos mulets, instinctivement attirés par l'eau, tombent dans une de ces excavations où ils manquent de se noyer; on les en retire à grand'peine, mais sans accident. Redoutant l'influence fiévreuse du marécage, nous avons fait dresser les tentes à quelque distance, au grand désespoir de nos chameliers qui manifestent une vive crainte des serpents; nous ajoutons à cette précaution quelques pilules de quinine, moyennant quoi, sauf l'ennui que nous causent de trop nombreux moustiques, nous passons sans inconvénient la nuit sur ce point malsain.

La dépression marécageuse de Gueraat El-Fedjedj nous fournit entre autres espèces : *Senebiera lepidioides* (nouveau pour la Tunisie), *Astragalus Kralikianus*, *Lythrum thymifolium*, *Tamarix Gallica*, *Bellis annua*, *Chamomilla aurea*, *Francœuria laciniata*, *Caroxylum articulatum*, *Andrachne telephioides*, etc.

Elle paraît devoir être très riche en insectes au printemps, mais la saison étant déjà avancée, elle ne nous offre rien de bien intéressant et rien qui n'ait été déjà pris à Tunis ou à Sfax; seulement les spécimens s'y montrent très abondants. Nous citerons entre autres : *Sciagona Europæa*, *Scarites planus*, *Brachynus nobilis* et *immaculicornis*, *Cicindela Ægyptiaca*, *Eunectes sticticus*, etc. Les puits donnent quelques Crustacés branchiopodes (*Brachypus*) déjà trouvés au Redir Zitoun dans le Djebel Oum-Ali et un *Estheria* nouveau, remarquable par sa coquille anguleuse, et décrit par M. Simon sous le nom d'*E. angulata*.

Le 2 juin, tandis que, dès le matin, une grande animation règne autour des puits où les femmes des douars viennent par groupes faire leur provision d'eau, mes compagnons explorent le terrain de la gueraat, couvert en grande partie de buissons de *Tamarix*. Quant à moi, je retourne à cheval, accompagné d'un spahi, à quelques kilomètres en arrière, dans le désir d'examiner plus attentivement que je n'ai pu le faire la veille les sépultures et le plateau que j'ai déjà mentionnés. J'y reconnais une vaste nécropole où, sur beaucoup de points, toutes les tombes se touchent; elles sont formées de pierres plates enfoncées de champ en terre; les encaissements ainsi construits sont recouverts de dalles naturelles brutes et généralement arrondies à leurs deux extrémités. Sept à huit monticules, qui paraissent être des amas de matériaux de construction plutôt que des dolmens, sont espacés assez régulièrement de trois à quatre cents mètres, formant autour de cette nécropole comme les vedettes d'une ligne d'enceinte du côté du nord et de l'est. Quelques silex taillés se rencontrent dans les environs, mais rien ne révèle positivement l'origine ou la date probable de cette vaste nécropole qui mériterait d'être sérieusement fouillée. Peut-être ce vaste champ de repos a-t-il eu pour origine une grande bataille livrée sur ce point qui commande la route de Gabès (Tacape) à Gafsa (Capsa), ancienne capitale et dernier refuge de Jugurtha. Après avoir parcouru en divers sens, pendant plus d'une heure, la nécropole en question, avec le regret de ne pouvoir m'y livrer à des fouilles sérieuses, je reviens à travers champs dans l'espoir de rencontrer quelques ruines intéressantes, mais rien ne s'offre plus à mon attention, si ce n'est les colonnes de poussière lancées par les femmes des douars que notre approche remplit d'effroi.

Le chargement étant effectué, vers deux heures du soir, nous quittons la Gueraat El-Fedjedj pour tâcher d'arriver à Oudref avant la nuit. Le passage d'un col (Fedj El-Fedjedj) nous amène bientôt dans le bassin même du Chott El-Fedjedj, dont l'immense nappe blanche se déroule à nos pieds; au loin nous apercevons les hauteurs qui bordent le Nefzaoua et séparent la Tunisie de la Tripolitaine. Les montagnes peu élevées que nous venons de franchir et que nous laissons ensuite à notre gauche présentent un chaos des plus curieux dans lequel diverses couches géologiques, de nature très tranchée, s'enchevêtrent de la façon la plus bizarre; certaines d'entre elles plongent même verticalement. Les dolomies se montrent une dernière fois, mais à une hauteur bien moins grande que celle où nous les avions vues jusqu'ici. La position, l'inclinaison et l'enchevêtrement des couches variées qui forment ce dernier chaînon de montagnes révèlent d'une façon très nette l'effrondrement auquel est due la vaste et profonde faille occupée actuellement par le chott.

Descendant bientôt dans une plaine parsemée de douars nombreux, nous ne tardons pas à rencontrer une série de petites excavations également espacées entre elles et suivant une ligne à peu près droite. Intrigués d'abord par ces trous dont le creusement est récent, nous ne tardons pas à y reconnaître les derniers puits de sondages exécutés par la Mission Roudaire. Une plaine de sable, où la marche est des plus pénibles, nous offre un certain nombre de plantes ayant de l'intérêt, ce qui ralentit notre course. Peu après, nous abordons les petits monticules, formés de gypse érodé par les eaux pluviales, qui entourent le marais d'où sortent les sources abondantes de l'oasis d'Oudref. Ces sources, qui sont dirigées par des canaux dans les cultures de l'oasis, donnent une eau limpide, légèrement salée, et à la température de 25 degrés. Tournant l'oasis, nous entrons dans le village et nous nous rendons chez le caïd qui s'empresse de nous désigner un point de campement sur la place principale, mais, malgré son vif désir de nous y voir installer, nous préférons retourner sur nos pas à travers des jardins complantés de magnifiques Dattiers et camper sur un terrain découvert, en dehors de l'oasis et à proximité du ruisseau d'écoulement des sources. Ce ruisseau et le marais d'où il sort nous fournissent le lendemain matin de bonnes plantes aquatiques.

L'oasis d'Oudref avec ses eaux dormantes ou courantes, sortant d'un terrain d'argile entouré de sables et de massifs gypseux, nous a offert une assez grande quantité de plantes dont beaucoup appartiennent aux flores désertique et littorale; citons entre autres :

Delphinium pubescens DC. *var.* dissitiflorum.
Erucaria Ægiceras J. Gay.
Zygophyllum album Desf.
Medicago sativa L., probablement naturalisé.
Argyrolobium uniflorum Jaub. et Spach.
Reaumuria vermiculata L.
Deverra chlorantha Coss. et DR.
— tortuosa DC.
Scabiosa arenaria Forsk.
Filago Mareotica Delile, que nous n'avions pas revu depuis Sfax.
Rhanterium suaveolens Desf.
Carduncellus eriocephalus Boiss.
Carduus Arabicus DC.
Zollikoferia resedifolia Coss.
Spitzelia radicata Coss. et Kral.
Anarrhinum brevifolium Coss. et Kral.
Marrubium deserti Noë.
Statice globulariæfolia Desf.
— pruinosa L.
Echinopsilon muricatus Moq.-Tand.
Thymelæa microphylla Coss. et DR.
Zannichelia macrostemon J. Gay.
Potamogeton pectinatus L.
Æluropus littoralis Parlat. *var.* repens.
Festuca Memphitica Coss.
Chara gymnophylla A. Br.

Les eaux du ruisseau et des sources qui l'alimentent sont peuplées d'un intéressant petit poisson, le *Cyprinodon Calaritanus* Bonelli, difficile à pêcher. Nous prenons aussi une tortue d'eau (*Emys leprosa*), un Caméléon et l'*Agama inermis*.

Un énorme hérisson est rendu par nous à la liberté faute de place.

En insectes, signalons : *Brachytrupes megacephalus*, le gros Grillon déjà trouvé à l'Oued Bateha et la vulgaire Taupe-Grillon (*Gryllotalpus vulgaris*). Rien de saillant comme Coléoptères : *Cicindela Maura*, *C. Ægyptiaca*, *Cybister Africanus*, etc. Comme à Tozzer, l'oued est peuplé d'une petite crevette (*Palæmon varians*).

La veille, avant d'arriver à l'oasis, nous avions fait aussi la capture du *Blaps divergens*, Coléoptère que nous n'avions pas encore rencontré.

Quittant Oudref, à deux heures du soir, pour faire la dernière étape avant Gabès, nous laissons à notre gauche un village et une seconde petite oasis. Nous passons près d'un petit lac dont les eaux limpides réjouissent la vue, et arrivons bientôt par une route des plus commodes au passage de l'Oued Rhan, celui-là même dont le cours serait utilisé par l'un des derniers tracés du canal Roudaire. Cet oued, auquel on peut difficilement donner le nom de cours d'eau, n'est, à proprement parler, qu'un ravin étroit et assez profond, occupé en différents endroits par des flaques d'une eau boueuse et fétide. Les berges, presque à pic des deux côtés, sont constituées par un terrain argileux fortement imprégné de sel. Du point assez élevé où nous nous trouvons, nous pouvons apercevoir, avec une certaine satisfaction, la mer que nous avons quittée depuis le 17 avril.

Les habitations se multiplient à mesure que nous approchons de Gabès; le dernier village que nous rencontrons n'en est plus qu'à deux kilomètres environ, et bientôt nous pénétrons dans l'oasis, dont nous avons grand plaisir à trouver les beaux ombrages. Les Dattiers y sont généralement moins beaux et moins serrés que dans l'oasis de Gafsa et surtout dans celle de Tozzer; mais nous remarquons qu'ils y sont l'objet d'une culture encore beaucoup plus soignée et qu'ils sont plantés en lignes régulières dans la plupart des jardins. On reconnaît à première vue que la culture des arbres fruitiers, des légumes et des céréales prime celle du Dattier dont les produits sont loin d'atteindre la valeur de ceux de Tozzer et des oasis d'El-Oudian. La Vigne y est aussi plus abondante et y donne de beaux raisins; mais rien n'égale en développement les Abricotiers, dont les fruits savoureux et innombrables sont largement appréciés par nous, altérés que nous sommes par la chaleur et les eaux saumâtres que nous buvons depuis quelque temps. La route que nous suivons nous fait traverser dans toute sa largeur l'oasis de Djara, qui n'est, à vrai dire, qu'une succession de jardins séparés les uns des autres par des palissades en frondes de Palmiers entremêlées de plantes grimpantes et d'arbustes, et par de larges rigoles d'irrigation. Avant d'arriver à l'oued, nous côtoyons un ravin sauvage, de l'effet le plus pittoresque, aboutissant à un vieux pont de construction romaine. Là, nous jouissons du spectacle animé et ravissant d'une multitude de femmes vêtues d'étoffes aux couleurs voyantes et variées, dans l'eau jusqu'au-dessus du genou et caquetant bruyamment en lavant leur linge. Une nuée d'enfants des deux sexes, à peu près nus, se livrent à leurs ébats, les pieds dans l'eau limpide et tiède de ce rapide et important cours d'eau. La scène qui s'offre à nos regards, avec son encadrement de ruines et de beaux Palmiers, inspirerait une belle toile à un peintre coloriste; aussi, malgré notre vif désir de nous installer dans un logis plus confortable que la tente sous laquelle nous vivons depuis deux mois, nous ne pouvons nous empêcher de jouir, pendant quelques instants, de ce spectacle plein d'originalité et d'attrait. L'oued une fois franchi, nous avons encore à traverser un vaste espace, presque entièrement occupé par des cimetières indigènes et coupé, en divers endroits, de profondes excavations; puis une large voie nouvellement construite nous mène au faubourg de Coquinville, quartier européen en voie de construction, près duquel se trouvent les établissements militaires. C'est là que, par ordre supérieur, nous sommes installés dans un large baraquement inoccupé, où, si nous ne trouvons pas un confortable des plus complets, nous avons du moins un toit qui nous abrite et un vaste espace pour étaler, préparer et mettre en ordre les récoltes faites depuis Sfax pendant notre long voyage. Quant à notre escorte, dont nous allons bientôt avoir le regret de nous séparer, elle est logée sous nos deux tentes dans le campement dit des Isolés, c'est-à-dire réservé aux troupes de passage.

Nous voici arrivés au terme de notre excursion sur le continent. Partis de Sfax le 16 avril, nous sommes à Gabès le 3 juin, c'est-à-dire après quarante-huit jours d'existence sous la tente et au moins quarante de marche et d'explorations, ce qui représente une somme d'environ douze cents kilomètres parcourus. Quelques jours de repos nous sont indispensables après les fatigues incessantes que nous avons eu à subir dans les quinze derniers jours, depuis notre départ de Gafsa. Il nous faut, en outre, préparer notre voyage à Djerba et à Zarzis, et mettre en ordre nos récoltes pour les expédier à Sfax, dont nous avons fait notre centre d'opérations. Malgré ces occupations, Gabès et ses environs, quoique fort bien explorés par M. Kralik, au point de vue botanique, pendant le séjour qu'il y a fait en 1854, nous fourniront quelques bonnes trouvailles zoologiques et même botaniques. L'accueil si cordial qui nous est fait par le colonel de la Roque, commandant supérieur, qui s'intéresse vivement à notre mission et nous donne de précieux renseignements sur ce pays qu'il connaît à fond, la réception non moins aimable du général Allegro, gouverneur de la province de l'Arad, nous feront trouver trop courte notre halte à Gabès.

Durant ce séjour, nous faisons une excursion à Ras-el-Oued et nous sommes assez heureux pour récolter, abondamment et en parfait état de floraison, le *Prosopis Stephaniana*, intéressante Mimosée connue en Tunisie seulement sur ce point où M. Kralik n'avait pu en recueillir que des échantillons sans fleurs. Cet arbuste est confiné dans un ravin étroit, où il est malheureusement brouté par les chèvres et les moutons. Il y forme de petits buissons qui, sans la dent meurtrière des bestiaux, s'élèveraient sans doute à un mètre environ. Quelques rameaux portent encore des fruits de l'année précédente. Rentrés à Gabès, nous avons une preuve désobligeante du goût des animaux pour cette plante, car, durant la visite que nous faisons au colonel de la Roque, le cheval d'un spahi de notre escorte dévore à belles dents la botte d'échantillons que nous en avions suspendue à l'une de nos selles, ne nous en laissant que quelques-uns encore en état d'être préparés.

A Gabès, nous avons retrouvé la flore littorale de Sfax, plus quelques plantes désertiques des environs de Gafsa. La saison était déjà trop avancée pour que nous pussions faire de bonnes récoltes dans cette localité admirablement explorée par M. Kralik et visitée avant nous par notre collègue M. A. Letourneux; nous ne citerons donc que peu de plantes, parmi lesquelles : *Pistacia vera* (cultivé), *Hedysarum coronarium*, *Pulicaria Arabica* var. *longifolia*, *Atriplex parvifolia*, *Potamogeton pectinatus;* mais la plante la plus intéressante, sans contredit, de notre récolte à Gabès, a été le *Prosopis* (*Lagonychium*) *Stephaniana*, espèce orientale, d'Égypte, des provinces transcaucasiennes, de Syrie, de l'Asie Mineure, de Chypre, du Turkestan et de l'Afghanistan.

Nous retrouvons également à Gabès la faune de Gafsa, moins les espèces monticoles du Djebel Hattig.

Le *Naja Haje* y existe, ainsi que le *Cerastes Ægyptius*, dont un beau spécimen a été pris à dix heures du soir, à quelques mètres de la tente de nos hommes, c'est-à-dire en plein campement. Outre ces reptiles, nous avons capturé le *Cœlopeltis insignitus* et l'*Acanthodactylus Boshianus.*

Les eaux limpides et chaudes de l'oued nous ont fourni, comme celles d'Oudref, le *Cyprinodon Calaritanus.*

Parmi les mollusques, nous avons à noter, indépendamment des *Melania*, *Melanopsis*, *Bythinia* et *Physa*, que nous avons déjà trouvés dans d'autres localités, une espèce du genre *Neritina*, que nous voyions pour la première fois et qui avait déjà été récoltée avant nous par M. A. Letourneux.

Les alluvions anciennes de l'oued recèlent aussi bon nombre d'espèces subfossiles, parmi lesquelles des *Planorbis* et des *Auricula* étudiés depuis par M. Bourguignat.

Comme crustacés, nous avons retrouvé une Crevette d'eau douce, la même sans doute que celle d'Oudref et de Tozzer.

Nous citerons parmi les insectes : un *Pimelia* nouveau, déjà pris à Tozzer (*P. confusa*), les *Scarites striatus*, *Cicindela Maura*, *Probosca viridana*, etc.; et, sur les *Tamarix* de la rive droite de l'oued, les *Cryptocephalus acupunctatus* et *fulgurans*.

Les matériaux servant aux constructions nouvelles et provenant des montagnes voisines m'ont fourni quelques intéressants fossiles, parmi lesquels le genre *Roudairia*, de création récente, de grands spécimens d'*Inocerâmus* et des *Chaetetes*, appartenant à l'étage sénonien. Enfin, durant notre court séjour, nous visitons, sous la conduite du colonel de la Roque, les ruines de l'ancienne cité de Tacape, dont l'emplacement est situé sur une petite éminence, en face de l'oasis de Menzel, près de la rive gauche de l'oued. L'enceinte fortifiée de la ville antique se distingue encore très bien, et les fouilles qui y ont été exécutées dernièrement ont mis à découvert des restes de constructions et d'édifices importants, des fours, etc. Le sol de cet emplacement est jonché de débris de poteries communes et de vases samiens, de morceaux de marbre appartenant aux variétés les plus estimées, de fragments de mosaïques, etc. Il y aurait, sans doute, sur ce point, beaucoup de choses intéressantes à exhumer.

Le 8 juin, nos préparatifs de départ sont terminés, et une partie de nos caisses expédiées directement en France par les transatlantiques. Nous rendons notre matériel militaire, et nous faisons nos adieux aux hommes qui nous escortaient depuis Sfax. Durant ce long et fatigant trajet, nous n'avons eu qu'à nous louer d'eux; le brigadier Crabos a toujours montré de l'énergie, de la présence d'esprit et un tact remarquable dans la direction du détachement. La plupart de ces braves gens ont montré un grand empressement à nous seconder dans nos recherches et nos chasses; quelques-uns d'entre eux sont même passés maîtres dans la capture des reptiles qui les effrayaient beaucoup au commencement du voyage. Ils y sont maintenant si bien accoutumés, que la veille, à dix heures du soir, l'un d'eux nous avait apporté une Vipère-à-cornes toute vivante qu'il venait de prendre à quelques pas de leur tente. Ces hommes nous quittent à regret, et, de notre côté, nous ne demanderions pas mieux que de les garder plus longtemps; mais les ordres de service ne le permettent pas, bien qu'ils eussent pu rendre encore bien des services à la Mission.

OBSERVATIONS MÉTÉOROLOGIQUES FAITES DE GAFSA À GABÈS.

El-Guettar, 21 mai, 9h30 matin.

Baromètre holostérique n° 2	740mm,0	Vent. — Sud-est violent (6).
Baromètre Fortin	740mm,0	État du ciel. — Couvert (8), brumeux.
Thermomètre du baromètre	+ 21°,8	Violente bourrasque vers 3h30 du matin; elle reprend vers 7 heures du matin.
Thermomètre frondé	+ 22°,0	

Fedj El-Kheïl, 22 mai, 9h 30 matin.

Baromètre holostérique n° 2....... 727mm,1 | Vent. — Nord fort (5).
Thermomètre minima de la nuit.... + 14°,0 | État du ciel. — Nuageux (5).

Redir Zitoun, 22 mai, 5 heures soir.

Baromètre holostérique n° 2.. 728mm,5

Bled Cherb, 23 mai, 6 heures matin.

Thermomètre frondé............. + 22°,0 | État du ciel. — Voilé, nuageux (5).
Vent. — Est très fort (5).

Bir Beni-Zid, 24 mai, 6h 30 matin.

Baromètre holostérique n° 2....... 760mm,0 | Minima de la nuit.............. + 18°,5
Baromètre Fortin............... 760mm,0 | Vent. — Est modéré (3).
Thermomètre du baromètre....... + 23°,0 | État du ciel. — Brumeux (3).
Thermomètre frondé............. + 22°,0

Redir Timiat, 25 mai, 8h 30 matin.

Baromètre holostérique n° 2....... 746mm,5 | Vent. — Ouest modéré (3).
Thermomètre frondé............. + 19°,5 | État du ciel. — Couvert (8), quelques gouttes de pluie.
Minima de la nuit............... + 14°,0

Le Fortin renversé par le vent se brise contre une pierre.

Bir Oum-Ali, 26 mai.

Violent orage et pluie abondante de 7 heures du matin à midi.

Bir Oum-Ali, 27 mai, midi.

Baromètre holostérique n° 2....... 746mm,0 | Vent. — Est fort (4).
Thermomètre frondé............ + 22°,0 | État du ciel. — Nuageux (5).
Minima de la nuit.............. + 12°,3

Bir Marabot, 28 mai.

Température minima de la nuit.... + 11°,5 | Orage violent vers 2 heures du soir.

Campement au pied du Djebel Berd, 29 mai, 5h 30 matin.

Baromètre holostérique n° 2....... 730mm,0 | Vent. — Nul.
Température minima de la nuit.... + 13°,0

Sommet du Djebel Berd, 29 mai, 9 heures matin.

Baromètre holostérique n° 2...... 698mm,0 | État du ciel. — Beau (3).
Thermomètre frondé............. + 19°,5 | Orage assez fort vers 3 heures du soir.

Gueraat El-Fedjedj, 2 juin, 7 heures matin.

Baromètre holostérique n° 2....... 758mm,0 | Vent. — Est modéré (3).
Thermomètre frondé............. + 19°,9 | État du ciel. — Couvert (8), brouillard sur les hauteurs. — Rosée.
Minima de la nuit.............. + 16°,5

VIII

Départ de Gabès pour l'île de Djerba. — Escale à Tripoli. — Excursions à Djerba et à Zarzis. — Retour à Gabès.

Le 8 juin, à midi, nous prenons passage sur l'*Abd-el-Kader* qui doit nous transporter à Djerba. A cinq heures du soir, nous sommes en face d'Houmt-Souk, ville principale de l'île. Le bateau mouille à quatre kilomètres au large, le fond ne lui permettant pas d'approcher la terre de plus près; il doit repartir à six heures pour Tripoli et revenir à Houmt-Souk le surlendemain matin. Être si près de Tripoli et manquer volontairement l'occasion de voir cette ville, nous paraît si peu raisonnable que nous n'hésitons pas à faire cette pointe en dehors de notre itinéraire officiel.

Le lendemain, 9 juin, à six heures du matin, le paquebot est mouillé à l'entrée du port de Tripoli, rade naturelle sûre et commode, abritée par des rochers qui forment ceinture. Avec quelques travaux exécutés pour relier les rochers et des dragages, on ferait de ce port, à peu de frais, un des meilleurs refuges de la côte barbaresque. Est-ce une anecdote vraie ou une histoire faite à plaisir, nous ne le savons, mais il paraîtrait que le pacha gouverneur aurait répondu que ces roches étaient trop vieilles et trop usées pour supporter des constructions nouvelles!

Nous descendons à terre immédiatement et notre premier soin est de rendre visite à M. Féraud, consul de France, qui nous accueille avec une grande affabilité et nous donne d'intéressants détails sur le pays et sur l'influence prépondérante qu'y exerce le représentant de la France. M. Féraud est amateur d'archéologie; aussi l'hôtel du consulat est-il devenu l'asile d'un grand nombre d'antiquités que nous avons plaisir à examiner. Ensuite nous parcourons la ville, qui ne ressemble en rien aux cités de la côte tunisienne. Parmi les nombreux restes romains qu'elle renferme, le plus remarquable est, sans contredit, l'arc de Trajan qui a été décrit et dessiné il y a un siècle par l'un de mes aïeux, J.-B. Adanson (frère du naturaliste), lequel, après avoir été attaché à diverses légations du Levant, mourut à Tunis, victime de la peste.

Tripoli est une ville encore entièrement turque, quoique les chrétiens et les israélites y soient en très grand nombre. Plus encore qu'à Tunis, chaque corps d'état est cantonné dans des rues spéciales que nous visitons rapidement, car, sur le temps très limité que nous avons à passer à terre, nous voulons consacrer une couple d'heures à voir les environs immédiats de la ville; nous les trouvons bien inférieurs comme fertilité, comme culture et comme pittoresque, aux belles oasis de Gabès. Ici le terrain sableux ou argilo-sableux semble manquer d'eau; aussi les Dattiers et les arbres et arbustes qu'ils abritent ont-ils une apparence terne et flétrie, accentuée encore par l'abondante poussière qui couvre les routes. Dans les jardins, cependant, grâce à l'arrosage que l'on pratique au moyen de puits et de guerbas analogues à celles de Tunisie, les légumes croissent assez vigoureusement. Dès les premiers pas que nous faisons vers la campagne, nous sommes intrigués par une espèce de gros arbre vert, au tronc tourmenté, que de loin nous prenons d'abord pour un *Casuarina,* mais que nous reconnaissons être un *Tamarix articulata.* Cet arbre, que nous n'avons pas vu en Tunisie, paraît commun à Tripoli où il acquiert d'assez fortes proportions. Après un coup d'œil rapidement jeté sur l'oasis, nous rentrons en ville en passant près d'un camp de troupes turques établi sous les ombrages d'un bois de vieux Oliviers. Sur la plage du port, de nombreux groupes de chameaux prennent leur repas ou font la sieste, à l'exemple des soldats qui gardent la porte fortifiée par laquelle nous rentrons en ville. Nous n'avons plus guère que le temps de prendre congé du Consul français et de nous rendre à bord, le paquebot partant à six heures du soir. Nous jetons un dernier regard sur les murs crénelés de la citadelle pendant que le steamer, doublant les roches de l'entrée du port, prend la direction de Djerba, où nous arrivons le lendemain 10 juin, à sept heures du matin.

Le canot de la Compagnie transatlantique nous transporte à terre, où nous sommes accueillis avec empressement par l'agent français et par les autorités indigènes d'Houmt-Souk, notamment par le caïd, vieux serviteur dévoué depuis longtemps à la France que sa famille sert de père en fils dans les fonctions d'agent consulaire. La ville est distante du port de près de deux kilomètres que nous faisons à pied, tandis que nos bagages sont transportés au fort où nous devons trouver un logis pendant notre séjour.

Houmt-Souk n'est pas une ville à proprement parler; à peine pourrait-on donner le nom de gros village à cet assemblage de quelques rues tortueuses et étroites, entouré de cimetières et de villas construites par les Européens. Ce qui en fait la capitale de l'île, c'est le marché qui s'y tient, marché où se vendent surtout les étoffes de laine et de soie fabriquées dans l'île de Djerba dont elles sont la principale industrie. Plus encore peut-être que dans le reste de la Tunisie, le commerce est ici entre les mains des juifs, dont la colonie, assez considérable, habite un faubourg spécial. Une longue avenue de plus d'un kilomètre et demi, établie depuis l'occupation française, conduit à la forteresse située sur le bord de la mer, non loin du port. C'est là, nous l'avons déjà dit, que l'autorité militaire nous donne un asile que nous aurions difficilement trouvé dans la ville.

Nous consacrons l'après-midi à faire une première exploration sur la côte nord-ouest. Bien que la végétation soit déjà très avancée, nous recueillons la majeure partie des plantes que nous avons déjà récoltées aux îles Kerkenna. La flore y est donc à la fois désertique et maritime. Le tapis végétal est, du reste, profondément modifié par la culture, l'île presque entière n'étant qu'un grand réseau de champs et de jardins entourant des fermes ou des habitations peu distantes les unes des autres. La plupart de ces maisons, simulant de longues galeries voûtées, très basses, quelquefois en contre-bas du sol, sont occupées par des ateliers de tissage dont les métiers, très primitifs, sont mus à l'aide des mains et des pieds par les ouvriers indigènes. Dans cette partie de l'île, les Oliviers forment l'essence dominante, et leur grosseur, autant que leur décrépitude, permet de leur attribuer plusieurs siècles d'existence.

Le lendemain, 11 juin, nous montons à cheval de bonne heure pour faire une reconnaissance dans la direction du sud-est. Traversant d'abord le faubourg juif qui se distingue par une écœurante malpropreté, nous suivons ensuite un chemin bordé de champs cultivés complantés d'Oliviers, de Figuiers, de Mûriers et de quelques Dattiers. De même que dans la partie visitée par nous la veille, nous rencontrons de nombreuses habitations disséminées au milieu des champs, et surtout beaucoup de maisons en ruine. La Vigne est cultivée partout, mais beaucoup de ceps sont à l'état de décrépitude et redevenus presque sauvages par suite de l'abandon du vignoble. Vers onze heures, une pluie fine et froide nous surprend au milieu de dunes de sable en partie fixées par d'anciennes cultures; les Oliviers deviennent plus rares, mais les Mûriers, les Figuiers et les Dattiers sont abondants. L'*Aloe vulgaris* borde partout les champs et les carrés de vignes. La flore est peu variée et presque exclusivement maritime.

Après avoir déjeuné à l'abri d'un Mûrier dont les fruits sucrés et juteux remplacent pour nous le dessert, nous laissons sur notre droite Houmt-Cedrien, et poussons une pointe jusqu'au bord de la mer où nous recueillons, entre autres plantes, le *Diotis maritima;* mais le temps devenant de plus en plus mauvais, nous sommes bientôt contraints de battre en retraite et de rentrer à Houmt-Souk par une large route bordée d'Oliviers séculaires. Beaucoup de ces vieux arbres, groupés en cercle, paraissent être des rejetons ayant remplacé le tronc primitif, ce qui laisse supposer que les plantations de Djerba remontent à une époque très ancienne, peut-être à celle de la domination romaine. Du reste, de nombreuses constructions en ruine et une multitude de champs abandonnés semblent prouver que l'île a été jadis beaucoup plus peuplée et surtout beaucoup plus cultivée encore qu'elle ne l'est actuellement.

La pluie, qui a continué pendant la nuit, ne cesse le lendemain 12 juin que vers midi, ce qui nous force à nous borner à l'exploration du bord de la mer à proximité d'Houmt-Souk. Nous retrouvons sur le rivage la même formation remaniée que nous avons déjà vue aux îles Kerkenna. Comme dans cette dernière localité, le *Strombus Mediterraneus* et plusieurs autres types disparus sont associés, à l'état fossile, aux restes subfossiles des espèces vivant actuellement sur la côte. Cette formation quaternaire, que l'on voit sur le littoral nord plus particulièrement, et qui offre un grand nombre d'espèces parmi lesquelles figurent des *Mactra*, *Arca*, *Cardita*, etc. qui ne vivent plus dans la Méditerranée, associées à d'autres qui y vivent encore, ne manque pas d'intérêt. Comme à Kerkenna, la côte semble être en travail d'affaissement, après avoir subi un relèvement à la fin de l'époque quaternaire.

Le mauvais temps nous ayant empêchés de traverser l'île pour nous embarquer à l'autre extrémité comme nous en avions le projet, nous nous sommes assurés, dès le matin, d'un moyen de transport par mer pour nous rendre à Zarzis. C'est vers minuit que nous montons à bord d'une grande felouque frétée à cet effet, comptant bien lever l'ancre avant deux heures du matin et être rendus à Zarzis vers huit heures; malheureusement, le vent faisant complètement défaut, nous sommes encore à louvoyer en face d'Houmt-Souk vers une heure de l'après-midi, lorsque le vent se lève et nous permet enfin de marcher, bien que la mer soit mauvaise. A quatre heures du soir, nous débarquons à Zarzis. Nous sommes recommandés par M. Matteï à son gendre M. Carleton, fixé depuis longtemps à Zarzis, et au khalifa par le général Allegro, qui y est propriétaire de vastes terrains et d'une maison où nous sommes logés; nous prendrons notre repas du soir dans la forteresse avec les sous-officiers attachés au poste télégraphique installé depuis l'occupation française. Les quelques heures qui nous restent avant la nuit sont employées à visiter les plantations de Vignes entreprises sur les terres appartenant au général Allegro, et nous constatons que les ceps ont été trop espacés les uns des autres; nous pensons que pour réussir, ce vignoble, situé à une faible distance du rivage, aurait besoin d'être garanti de l'influence du vent marin par une haie de *Tamarix*, arbustes qui croissent bien au bord de la mer et constituent d'excellents abris; à cette condition, la Vigne, qui pousse du reste vigoureusement dans ce terrain sablonneux, pourrait peut-être donner des produits lucratifs.

Zarzis n'est qu'une bourgade composée de quelques maisons habitées par un très petit nombre d'Européens et par une population indigène d'origine berbère. L'idiome parlé par cette dernière est difficilement compris par les autres Arabes, et il est très difficile de se faire entendre, même avec les mots les plus usuels, car les gens de Zarzis les prononcent d'une façon particulière. Les habitants, quoique cultivateurs, se livrent aussi à l'industrie de la pêche des éponges qui abondent sur ce point de la côte, plus encore que dans les parages des Kerkenna.

En parcourant les terrains avoisinant le village, nous remarquons l'abondance particulière des débris d'un purpurifère, le *Murex Trunculus* (variété à bouche rose fortement colorée), qui forme, paraît-il, non loin de cette localité, des bancs assez étendus pour que la pêche de ce mollusque devienne, à un moment de l'année, la principale occupation de la population qui s'en nourrit. Cette espèce étant l'une de celles que l'on croit avoir fourni la pourpre des anciens, on pourrait supposer qu'à l'époque romaine, la pêche en devait être faite dans un but commercial et industriel.

La faune entomologique ne diffère pas de celle des Kerkenna et de Sfax. Le *Morica octocostata* ainsi que le *Blaps nitens* habitent sous toutes les pierres.

Cette localité ayant été visitée avant nous par MM. Letourneux et Lataste, nous n'y avons séjourné que quelques heures, et nous n'aurons pas de liste de plantes à donner. Nous nous bornons à constater que la flore y a, dans son ensemble, un caractère beaucoup plus septentrional que ne le ferait supposer la latitude de cette partie de la côte; ce fait pourrait tenir à l'orientation de la pente du terrain. L'*Onopordon Espinæ*, que nous y avons retrouvé, est l'espèce la plus intéressante que nous ayons à noter.

La forteresse de Zarzis, construite sur un rocher taillé à pic, est d'origine romaine, ainsi que le démontre l'appareil employé dans les assises inférieures de cet édifice rectangulaire, isolé de tous côtés par d'anciens fossés assez profonds. Elle sert actuellement de résidence à deux sous-officiers français chargés du service télégraphique, en compagnie desquels, après avoir pris notre repas, nous passons le reste de la soirée.

Nous devions reprendre la felouque pour retourner le lendemain à Djerba et débarquer à El-Kantara, mais le docteur Bonnet ayant été très fatigué par la mer, et redoutant pour lui un nouveau trajet en barque, je juge plus prudent de modifier cet itinéraire, car nous pouvons facilement atteindre par voie de terre un point assez rapproché de la côte sud de Djerba pour n'avoir plus à faire qu'une heure environ de navigation. Nous prescrivons en conséquence au patron de la felouque d'avoir à nous attendre en face d'El-Kantara, le lendemain à onze heures du matin.

D'après ce nouveau programme, le 14 juin nous quittons Zarzis à sept heures du matin, escortés et guidés par quatre cavaliers indigènes, et montés nous-mêmes sur des chevaux mis à notre disposition par le khalifa, dont nous prenons congé ainsi que de M. Carleton et des télégraphistes.

Nous n'avons pas à regretter ce trajet par terre qui nous permet de constater de nouveau, dans l'ensemble de la flore, un caractère beaucoup moins méridional que ne semblerait le comporter la position géographique de Zarzis. Tandis qu'à Gabès et à Sfax, situés plus au nord, la végétation saharienne domine, à peine voit-on ici quelques Dattiers dans les jardins, et la majorité des plantes spontanées appartiennent à la flore des environs de Sousa et à celle de la presqu'île du Cap Bon.

A deux kilomètres à peu près de la ville, nous abandonnons la large route que nous suivions entre de fertiles jardins, pour prendre une direction nord, à travers un plateau pierreux couvert de broussailles basses et rabougries. Nous sommes bientôt attirés sur la gauche par des ruines importantes, qui témoignent de l'ancienne prospérité de ce pays actuellement très peu peuplé. Si nous disposions de plus de temps, nous pourrions en quelques heures visiter les ruines de Tina, réputées des plus remarquables et dans lesquelles gisent encore, dit-on, de nombreuses statues de marbre. Vers dix heures, nous traversons un village entouré de jardins irrigués avec soin à l'aide de puits. Les femmes, qui ne s'enfuient pas à notre approche, y sont vêtues d'étoffes voyantes, et les enfants y sont presque tous nus ou à peu près. De ce point la vue embrasse tout le bras de mer qui sépare Djerba de la terre ferme, et nous apercevons distinctement, à l'extrémité de la pointe orientale de l'île, le Bordj Castel, tandis que se montrent, à l'ouest de la baie, les fortins isolés de Bordj El-Bab et de Bordj Trik-el-Djemel, sur lesquels nous nous dirigeons à travers des terrains bas et couverts de broussailles maritimes. Nous avons bientôt atteint le rivage et, peu après, nous nous arrêtons près de la grande chaussée romaine qui reliait jadis Djerba à la terre ferme; c'est là que nous avions donné rendez-vous à notre felouque; mais, bien qu'il soit déjà onze heures, et que nous ayons pendant longtemps cru distinguer une voile se dirigeant vers El-Kantara, nous ne trouvons personne à l'endroit désigné : un de ces effets de mirage dont on ne peut se rendre compte que lorqu'on en a été la dupe avait fait revêtir aux moindres objets des proportions considérables et des formes trompeuses auxquelles nous nous étions laissé prendre. Durant cinq longues heures, l'estomac creux, sans rien avoir à mettre sous la dent, croyant à chaque instant voir s'approcher une barque dont l'image s'évanouissait l'instant d'après, tirant en vain des coups de fusil pour attirer l'attention des hommes de notre felouque, nous restons sur la plage sous l'ardeur d'un soleil brûlant. Cette situation est rendue encore plus désagréable par l'impossibilité de nous faire comprendre des hommes qui nous ont escortés et qui, en bons musulmans, attendent avec un calme désespérant qu'Allah veuille bien intervenir. Las de nous morfondre, nous prenons le sage parti d'utiliser notre temps, en cherchant des mollusques à mer basse, en faisant la chasse aux insectes et aux orthoptères et en récoltant des plantes, parfois aussi en nous livrant à un sommeil qui trompe notre faim.

Tenter le passage en suivant l'ancienne chaussée romaine est chose impossible, cette chaussée étant en partie submergée, même à marée basse, et interrompue par une large et profonde coupure qui donne passage aux bateaux, à environ trois cents mètres de la rive opposée. Nous croyons pourtant voir distinctement une grande barque, à l'ancre de l'autre côté de la chaussée, et cette barque, pensons-nous, doit être la nôtre. Cependant, tandis que le soleil baisse et que la marée commence à remonter, l'un des hommes de l'escorte, sans doute un peu inspiré par Allah et beaucoup, certainement, par son désir de retourner à Zarzis, se met résolument à suivre la chaussée, entrant parfois dans l'eau jusqu'à la ceinture; il revient enfin au bout d'une heure, annonçant qu'une nacelle montée par deux de nos matelots rame énergiquement vers nous. Le mirage s'atténuant à mesure que le soleil baisse, nous ne tardons pas en effet à voir s'avancer un frêle esquif, et, à six heures du soir, nous opérons, à cheval, notre embarquement, mais non sans nous mouiller quelque peu, le défaut de fond ne permettant pas à la nacelle d'approcher de la rive à plus de deux cents mètres. Nous rémunérons les services de nos hommes d'escorte, heureux de recouvrer leur liberté, et voguons enfin à force de rames sur une eau unie comme une glace et dont la limpidité de cristal et le peu de profondeur nous permettent de voir distinctement tous les êtres, plantes, zoophytes, mollusques ou crustacés, qui tapissent le fond de ce bras de mer; parmi ces êtres figurent de nombreux spongiaires, appartenant tous à des espèces sans valeur commerciale et analogues aux sujets que nous avons trouvés en grande quantité sur le rivage.

La satisfaction que nous éprouvons de débarquer sur l'île de Djerba ne doit pas être de longue durée, car nous n'y trouvons ni felouque, ni ville d'El-Kantara; la felouque est mouillée à un kilomètre de l'autre côté de la chaussée, et El-Kantara n'est constitué que par une cahute de pêcheurs et par une maisonnètte dont la porte est close et qui sert de bureau au commandant du port, lequel n'y vient qu'accidentellement et habite Houmt-Cedouich, à douze kilomètres dans l'intérieur. C'est donc là qu'il faut nous rendre pour profiter de l'hospitalité qui doit nous être offerte par ce haut fonctionnaire. La cahute étant des plus malpropres et le pain manquant totalement, les vivres étant restés à bord de la felouque, nous jugeons qu'il vaut encore mieux faire les douze kilomètres à pied que de passer en cet endroit la nuit qui nous enveloppe déjà. Nous partons donc, guidés par un indigène qui veut bien charger sur son âne notre petit bagage indispensable. A dix heures du soir et harassés de fatigue, nous voyons poindre la lumière, non d'un village, mais de la villa isolée du commandant du port, auquel nous sommes chaudement recommandés, mais qui, surpris d'une visite aussi tardive, nous fait attendre près de trois quarts d'heure, dans une obscurité profonde, au milieu de ses jardins; après quoi, nous sommes installés par le maître de céans dans un logis séparé de sa maison et destiné aux étrangers. Ce brave homme ne comprend qu'avec beaucoup de peine que nous soyons restés complètement à jeun depuis notre départ de Zarzis, c'est-à-dire depuis sept heures du matin. Cependant un composé de mots arabes et sabirs bien combinés l'ayant mis au fait de notre situation critique, quelques œufs durs, des dattes et autres comestibles viennent, au bout d'une autre demi-heure d'attente, calmer les exigences de nos estomacs. Après une aussi rude journée, les nattes et le mince matelas mis à notre disposition, avec une parfaite courtoisie du reste, nous paraissent si moelleux que nous nous abandonnons sans peine à un sommeil réparateur.

Malgré les fatigues de la veille, le 15 juin, nous sommes sur pied de bonne heure. Une abondante rosée couvre les jardins qui entourent notre logis et que nous trouvons relativement soignés. Ils sont complantés de nombreux arbres fruitiers et d'Oliviers archiséculaires. Nous constatons une fois de plus que l'île entière de Djerba n'est qu'un vaste réseau de jardins et de cultures au milieu desquels sont disséminées des habitations. Aussi ce pays fournit-il des fruits et des légumes en abondance à Gabès, à Sfax, et même beaucoup plus loin sur la côte de Tunisie. Le sol sableux ou argilo-sableux est rendu fertile par des engrais et arrosé par de nombreuses guerbas semblables à toutes celles que l'on trouve dans la Régence et sans l'aide desquelles on ne pourrait obtenir aucun produit en dehors des olives. Bien que notre hôte ait son logis particulier peu éloigné de celui où nous avons passé la nuit, nous n'y pénétrons pas; il paraît même nous en tenir soigneusement à distance, sans doute pour dérober ses nombreuses femmes aux regards dangereux des « roumis ». Sa vigilance ne parvient pourtant pas à empêcher celles-ci de faire de fréquentes allées et venues de la maison à la guerba, d'où, sous prétexte de puiser de l'eau, elles ne se font pas faute d'examiner avec curiosité les hôtes insolites de leur seigneur et maître.

Le peu d'intérêt que nous offrent les terres cultivées et d'autre part le désir que nous avons de consacrer quelques heures à la visite des importantes ruines que nous avons entrevues la veille à la faveur du crépuscule nous poussent à regagner El-Kantara le plus promptement possible. Ce désir est du reste favorisé par notre hôte, qui nous procure un assortiment de bourriquots que nous nous empressons d'enfourcher, après toutefois avoir fait emplette, sur le souk, de vivres en quantité suffisante pour subvenir aux besoins de la journée.

Chemin faisant, nous récoltons quelques bonnes plantes, parmi lesquelles le bel *Onopordon Espinæ* en fleur, et le *Convolvulus supinus*, intéressante espèce découverte par M. Espina en 1854.

A deux kilomètres avant d'arriver à la mer, nous trouvons les restes d'un mur antique, dirigé en ligne droite pendant près d'un kilomètre, déviant ensuite, et paraissant être la fondation d'une vaste enceinte. Il traverse actuellement des terrains marécageux, près des ruines d'une cité qui a dû être des plus florissantes. Nous passons plus de deux heures à visiter en détail les restes de divers monuments et de gigantesques édifices qu'il y aurait le plus grand intérêt à déblayer. Partout existent des pavages entiers en mosaïque du travail le plus soigné, partout des débris de revêtement et de colonnes en marbres précieux. Le plus considérable de ces monuments est situé vers le milieu des ruines, sur le bord de la mer à laquelle il paraît avoir fait face. D'énormes fûts et chapiteaux de colonnes en marbre cipolin et des entablements en marbre blanc de la plus belle qualité, ornés de sculptures d'un admirable travail, ne laissent aucun doute sur l'importance de cet édifice, qui occupait un espace considérable et dans lequel se révèle l'architecture grecque. Au milieu des débris gisent encore des fragments de statues en marbre. L'état de ces immenses ruines, la position des colonnes renversées, laisseraient à supposer que la destruction de cette ville, qui a dû être un centre commercial riche et populeux, peut être attribuée à un cataclysme, à un tremblement de terre probablement. Nous signalerons spécialement, parmi les débris que nous avons rencontrés, un splendide morceau d'entablement en marbre blanc, digne de figurer avec honneur dans les collections du musée du Louvre. A peu de distance, des fouilles ont mis à découvert les restes de plusieurs maisons dans l'une desquelles nous avons trouvé une multitude d'objets en os, stylets, etc., qui semblent indiquer un atelier de tabletterie. Ce n'est qu'à regret que nous quittons ces lieux si dignes d'être explorés et où nous voudrions avoir le temps et les moyens d'exécuter des fouilles réservées aux membres de la Mission archéologique. — Ayant regagné le lieu d'embarquement, où nous attendait un repas de poisson préparé par nos matelots, nous ne tardons pas à remonter dans le canot qui nous avait amenés la veille et qui doit nous conduire à bord de notre felouque obstinément restée à son mouillage.

Il est déjà près d'une heure quand la chaloupe quitte la terre. Nous franchissons le goulet qui coupe en deux la chaussée romaine et passons tout auprès du fortin isolé appelé Bordj Trik-el-Djemel (le fort du chemin du chameau); nous faisons approcher notre barque autant que possible de cette construction et nous remarquons que, non seulement la portion servant de base construite en gros blocs, mais encore une partie de celle bâtie en petits matériaux, se trouvent au-dessous du niveau de la mer; de plus, le haut-fond formant chaussée, qui devait jadis relier le fortin à la côte, est à plusieurs mètres sous l'eau. Le rapprochement de ce fait avec ceux déjà constatés aux îles Kerkenna, et le nom significatif de Trik-el-Djemel, viennent à l'appui de l'hypothèse que la côte tout entière, depuis le cap Bon jusqu'au sud de Djerba, est soumise à un mouvement d'abaissement lent, mais continu. Il est cependant à noter que si l'ossature de la côte s'abaisse, le fond du bras de mer qui sépare l'île du continent tend au contraire à diminuer de profondeur, ou tout au moins ne s'approfondit pas, en raison de l'apport considérable de sables dû aux vents venant de terre et aux courants côtiers. Il y a là deux phénomènes inverses qui, principalement au fond du golfe de Gabès, modifient lentement le régime de la côte : affaissement lent de l'ossature d'une part et exhaussement du fond par les dépôts de sables et de vases d'autre part; d'où il résulte que, tandis que les géologues soutiendront que la côte s'abaisse, les hydrographes au contraire donneront la preuve que les fonds s'amoindrissent.

Une fois rembarqués sur la felouque, nous sommes rapidement poussés vers le port d'Adjim par une brise modérée à laquelle vient s'ajouter le courant produit par le retrait de la marée. Une escale de quatre heures est nécessaire pour que la mer remonte et nous permette de sortir du détroit par lequel nous rentrerons dans le golfe de Gabès. Pour utiliser notre temps, nous descendons à terre et tombons en plein marché, ce qui donne une grande animation au village d'Adjim. Une population bigarrée s'agite et crie beaucoup. Les constructions sont d'une architecture différente de toutes celles que nous avons rencontrées jusque-là; beaucoup d'entre elles sont flanquées de pavillons carrés élevés d'un ou deux étages; quelques-unes en présentent à leurs quatre angles. Les femmes portent aussi un costume et surtout une coiffure particuliers : le premier caractérisé par des étoffes rayées de deux couleurs, la seconde consistant en un chapeau de paille pointu, rappelant complètement l'ancienne coiffure grecque appelée Πέτασος. Par contre, rien de bien intéressant comme productions naturelles : la flore, pauvre par suite de la culture, et les insectes, peu abondants et peu variés, ne nous fournissent qu'une maigre récolte.

Après le repas pseudo-civilisé qui nous est offert, dans une maison relativement très confortable, par le fils du commandant du port, avec force excuses sur l'absence de son père, nous regagnons notre felouque un peu avant la nuit, et franchissons lestement la passe qui sépare la rade d'Adjim de la pleine mer. Il est à remarquer que la côte, qui partout ailleurs est basse et sablonneuse, s'élève brusquement sur ce point où elle devient abrupte et rocheuse. Un îlot allongé, qui se montre à notre droite, abrite des vents de nord-ouest et de la lame le port d'Adjim, qui est garanti également des vents de terre par l'élévation du rivage continental. En raison de la profondeur de l'eau, il semble que ce point est spécialement désigné pour constituer le principal port de l'île que nous allons quitter.

On retrouve dans l'île de Djerba une végétation très analogue à celle des îles Kerkenna, qui sont situées sensiblement plus au nord. Quelques plantes d'un caractère plus désertique viennent pourtant s'y mêler. On doit en outre tenir compte des modifications que la culture, fort ancienne dans cette île, et jadis beaucoup plus étendue qu'à l'époque présente, a dû faire subir à la végétation spontanée. Malgré la saison déjà un peu trop avancée, nous y avons fait d'abondantes récoltes. La liste suivante, bien que très abrégée, fera ressortir le caractère maritimo-désertique de la flore :

Delphinium peregrinum L. *var.* halteratum.
Nigella arvensis L.
Glaucium flavum Crantz.
Matthiola oxyceras DC. *var.* basiceras.
Koniga Lybica R. Br.
Brassica Tournefortii Gouan.
Cakile maritima Scop.
Enarthrocarpus clavatus Delile.
Rapistrum Orientale DC.
Cleome Arabica L.
Helianthemum sessiliflorum Desf.
— — *var.* ellipticum.
Reseda propinqua R. Br.
Silene succulenta Forsk.
— Nicæensis All.
Hypericum crispum L.
Erodium glaucophyllum Ait.
— laciniatum Cav. *var.* pulverulentum.
Zygophyllum album Desf.
Tribulus terrestris L.
Peganum Harmala L.
Ononis longifolia Willd.
— serrata Forsk.
— reclinata L.
Trigonella maritima L.
Astragalus Gombo Coss. et DR.
Lotus Creticus L.
Neurada procumbens L.
Lœflingia Hispanica L.
Reaumuria vermiculata L.
Aizoon Canariense L.
Daucus parviflorus Desf.
Deverra tortuosa DC.
Fœniculum vulgare Gærtn.
Smyrnium Olusatrum L.
Crucianella angustifolia L.
Nolletia chrysocomoides Cass.
Helichrysum decumbens Camb.?
Phagnalon rupestre DC.
Filago Mareotica Delile.
Rhanterium suaveolens Desf.
Atractylis flava Desf.
— prolifera Boiss.
Centaurea contracta Viv.
— dimorpha Viv.
Onopordon ambiguum Fres.
Echinops spinosus L.
Zollikoferia resedifolia Coss.
Coris Monspeliensis L.
Heliotropium undulatum Vahl.
Echiochilon fruticosum Desf.
Linaria fruticosa Desf.
Marrubium Alysson L.
Salvia lanigera Poir.
Atriplex Halimus L.
Suæda fruticosa Forsk.
Polygonum equisetiforme Sibth. et Sm.
Thymelæa microphylla Coss. et DR.
Euphorbia Terracina L.
— serrata L.
— Paralias L.
Morus nigra L., cultivé.
Ficus Carica L., subspontané et cultivé.
Cyperus schœnoides Griseb.
Scirpus Holoschœnus L.
Phalaris paradoxa L.
Arthratherum ciliatum Nees.
Kœleria pubescens P. B.

Dans la partie sud, entre El-Kantara et Houmt-Cedouich, nous citerons en outre :

Frankenia pulverulenta L.
Ononis Sicula Guss.
Calycotome intermedia DC.
Asteriscus aquaticus Mœnch.
Chrysanthemum coronarium L.
Onopordon Espinæ Coss.
Spitzelia *sp.*
Convolvulus supinus Coss. et Kral.
Limoniastrum monopetalum Boiss.
Statice echioides L.
Euphorbia cornuta Pers.
Crozophora verbascifolia Adr. Juss.
Æluropus littoralis Parl. *var.* repens.

La zoologie du nord de l'île fournit peu d'espèces intéressantes. Les seuls reptiles sont : *Gongylus ocellatus*, *Platydactylus muralis* et *Hemidactylus verruculatus*. En insectes, un hanneton nouveau : *Pachydema Doumeti*, décrit par M. Valéry Mayet; c'est la faune de Sfax et aucune des espèces désertiques de Gabès ne s'y rencontre. Dans le sud, à El-Kantara et à Houmt-Cedouich, nous avons trouvé : *Lampyris attenuata*, *Cryptocephalus curvilinea*, vivant sur les *Limoniastrum*. Le *Cicindela Latreillei*, décrit par Dejean vers 1820 et qui depuis n'avait pas été retrouvé, croyons-nous, est la capture la plus intéressante; c'est une espèce des plages maritimes déjà vue à Zarzis et abondante à El-Kantara; malheureusement, par suite de son agilité et de l'absence des filets restés à bord de la felouque, nous n'avons pu en prendre que quelques individus. Signalons aussi d'énormes scorpions (*Buthus australis*), les plus gros que nous ayons encore capturés; ils atteignent 9 à 10 centimètres de long.

Vers onze heures du soir, la marée basse nous force à jeter l'ancre, nos marins ayant pour habitude de ne pas s'écarter beaucoup de la côte. Du reste un orage se forme dans le nord-ouest, et, vers minuit, la foudre éclate tout autour de nous; la pluie, qui s'en mêle à son tour, nous oblige à nous réfugier dans l'entrepont où nous passons une partie de la nuit en compagnie des rats et au milieu de toutes sortes d'ustensiles que l'obscurité profonde où nous nous trouvons ne nous permet pas de distinguer.

Avant le jour, on largue la voile, mais la brise, déjà si faible que nous marchons à peine, ne tarde pas à faire place à un calme plat; nous n'avançons plus du tout et sommes réduits à nous morfondre en contemplant la limpidité merveilleuse des eaux du golfe de Gabès, dont aucun souffle léger ne vient rider la surface. Dans ces conditions, à bord d'un bateau à voiles, on est bien forcé de s'armer de patience. Six heures se passent ainsi; enfin, vers une heure du soir, le calme est remplacé par une assez bonne brise, à la faveur de laquelle nous pouvons courir des bordées qui nous font arriver à Gabès à trois heures, heureux encore de n'avoir pas subi un plus long retard.

Nous voici déjà au 16 juin et la végétation est trop avancée dans cette région chaude, malgré la prolongation exceptionnelle de la période pluvieuse, pour nous permettre d'espérer dorénavant de fructueuses excursions. Nous avons cependant encore, pour remplir notre programme, à revoir les îles Kerkenna et à nous rendre, avant notre retour en France, à l'îlot de Djezeïret Djamour (Zembra). Comme le bateau de Sfax part de Gabès le lendemain à cinq heures du soir, nous nous hâtons de nous rendre aux baraquements où nous avons laissé en partant la plus grande partie de notre bagage et de nos récoltes, mais nous avons la désagréable surprise de voir que tout a été déménagé en notre absence et que l'on nous a assigné, comme faveur toute spéciale, le local exigu réservé aux sous-officiers en punition. Pendant notre excursion à Djerba, le bataillon ayant été remplacé par un autre, le nouveau commandant avait trouvé bon de disposer du local que nous occupions pour le transformer en salle de spectacle; il nous en a donc mis à la porte sans plus de façon et oppose un refus aussi formel qu'autoritaire à nos observations polies. C'est la seule fois que nous avons à nous plaindre de l'autorité militaire, de laquelle nous avons au contraire toujours reçu le meilleur accueil, l'aide la plus empressée et le plus ferme appui durant l'accomplissement de notre mission.

Froissé à juste titre de la façon cavalière avec laquelle le commandant du camp traite une mission scientifique officielle, j'ai recours au commandant supérieur, le colonel de la Roque, au général Allégro, gouverneur de l'Arad, et à l'intendant militaire de la Judie, dont nous avions, par discrétion, décliné les offres hospitalières à notre premier passage à Gabès; nous les retrouvons encore plus obligeants que la première fois et nous prions nos hôtes d'accepter ici le témoignage de notre gratitude pour leur réception courtoise que nous ne saurions oublier.

IX

Nouveau séjour à Sfax. — Deuxième excursion aux îles Kerkenna. — Rentrée à Tunis.

Le mardi 17 juin, à trois heures du soir, une partie de nos collections ayant été directement expédiée en France, nous prenons congé du colonel de la Roque qui tient à nous accompagner à bord du bateau, et à cinq heures, nous voguons vers Sfax où nous débarquons le lendemain dans la matinée. Un séjour d'une semaine, entre deux passages de paquebots, nous est nécessaire pour revoir et mettre définitivement en ordre les collections que nous y avons laissées lors de notre départ pour l'intérieur, et pour faire une nouvelle visite aux îles Kerkenna où j'ai à cœur d'explorer quelques-uns des îlots situés au nord de la grande île.

Tandis que mes deux compagnons restent à Sfax pour s'occuper des collections et se livrer à de nouvelles recherches dans les environs de cette ville, je pars le 20 juin, au lever du jour, sur une barque de la Compagnie transatlantique mise à ma disposition, avec son obligeance habituelle, par mon vieil ami Janino Matteï, qui tient à m'accompagner lui-même pour me faire profiter de son expérience et de sa profonde connaissance du pays.

Cette fois, au lieu de passer par l'étroit goulet d'El-Kantara, nous doublons la petite île de Djira et, longeant toute la côte orientale des deux îles, nous allons directement mouiller en face d'El-Ataïa, point où l'absence de brise alternant avec des vents contraires ne nous permet d'arriver qu'à la nuit. Durant cette traversée, trop longue pour un si faible trajet, je peux observer à loisir le fond, que je trouve semblable à celui de l'ouest des îles; c'est un plateau rocheux, sillonné de coupures étroites plus profondes; on dirait autant de canaux ayant une direction perpendiculaire aux îles; cette configuration cesse un peu au large pour faire place à un fond de sable uni. La végétation sous-marine y est extrêmement abondante et me fait regretter de n'avoir ni le temps ni les engins nécessaires pour draguer les nombreux mollusques et zoophytes qui doivent y faire leur demeure. Cependant le soir, à l'aide d'un hameçon, nous ramenons quelques beaux échantillons des spongiaires qui se montrent très abondants et à peu de profondeur autour de la barque.

Nous passons à bord une nuit des plus calmes, et le 21, dès l'aube, nous nous apprêtons à débarquer sur l'îlot le plus rapproché, qui n'est séparé de l'île que par un bras de mer si insignifiant et si peu profond à certains endroits que les chameaux peuvent le traverser. J'ai le regret de trouver la végétation tellement avancée que c'est à peine si l'on peut distinguer quelques plantes des plus vulgaires. Cet îlot n'est élevé que de quatre à cinq mètres tout au plus au-dessus de la marée haute; il est de forme allongée, d'environ un kilomètre de long, sur trois à quatre cents mètres de large. Le centre en est occupé en partie par des ruines de murailles, et il y existe plusieurs puits alignés dans le sens de la longueur de l'îlot. Les indigènes y entretiennent quelques cultures et s'y établissent avec leurs troupeaux aux alentours des puits dans les murs desquels je recueille l'*Adiantum Capillus-Veneris*. Les restes d'enceinte que l'on rencontre, ainsi que de nombreuses sépultures creusées dans le tuf, au bord même de la mer, sur le rivage qui fait face à l'île, prouvent que l'îlot a jadis été habité, à l'époque sans doute où il n'était pas séparé de cette dernière. Quelques-uns de ces tombeaux ont été détruits en partie par la mer qui les bat journellement. Je vois dans ces faits une preuve nouvelle de l'abaissement général de cette partie de la côte.

De cet îlot qui porte le nom de Khemchi, nous nous dirigeons sur plusieurs autres, sortes de lambeaux formant une chaîne de récifs vers l'est. Tous ont dû, comme le premier, faire partie de la grande île. Désireux d'en examiner la nature, je fais diriger la barque sur le plus avancé dans la mer, et comme on ne peut accoster, il faut, pour y descendre, se mettre à l'eau ou emprunter les épaules des matelots. Cet îlot n'a guère que quelques ares de surface et n'émerge pas de plus de deux à trois mètres; aussi l'on voit distinctement que la mer le balaie en grande partie dans les gros temps. Il n'est cependant pas dépourvu de toute végétation; quelques Graminées des terrains salés (des *Agropyrum* principalement) le *Crithmum maritimum*, des *Atriplex* et autres Salsolacées, y forment un tapis végétal sur lequel les Pétrels et les Puffins viennent déposer leurs œufs.

La visite de cet îlot minuscule ne nous ayant pas pris grand temps, nous gagnons la pleine mer dans la direction de celui qui termine au nord le groupe des Kerkenna. Nous l'abordons vers deux heures du soir. Celui-ci est beaucoup plus important que les premiers, mais n'est guère plus élevé au-dessus de la mer. Son étendue peut être d'environ deux kilomètres sur 600 à 700 mètres de large. Il est un peu rocheux du côté qui fait face au nord et marécageux sur celui qui regarde la grande île. Un abondant tapis de Salsolacées, d'*Atriplex* et de *Limoniastrum monopetalum* le couvre en grande partie, et de nombreux oiseaux de mer l'habitent. Je recueille quelques œufs de ces derniers à la grande fureur des femelles, qui ne cessent de me poursuivre en poussant des cris rauques ou aigus et en effleurant parfois mon chapeau de leurs ailes et de leur bec. — Une sorte de marabout s'élève à l'extrémité nord-est de l'îlot. Comme sur celui de Khemchi, on y voit de nombreuses traces d'enceintes qui paraissent fort anciennes, mais il n'y existe point de cultures. Seuls, des touffes de *Nitraria tridentata* et quelques pieds de *Rhus oxyacanthoides*, dont le plus élevé atteint à peine deux mètres, dominent les Salsolacées, qui sont recueillies par les indigènes pour faire de la soude; le nom de Coucha, donné à cet îlot, proviendrait de cette industrie. Comme à Khemchi, la saison trop avancée ne me permet pas de faire une récolte botanique fructueuse.

Rembarqués à trois heures et demie, nous faisons voile vers l'anse servant de port à Cherki que nous avons visité lors de notre premier voyage. Une brise assez forte se lève, le ciel se charge en quelques instants de gros nuages noirs, le tonnerre gronde dans le lointain, et bientôt nous avons à essuyer un grain qui n'a pas tardé à nous atteindre. Nous devons donc renoncer à aborder le plus grand des îlots; le laissant sur notre gauche, nous gagnons au plus vite l'abri de Cherki où nous arrivons à six heures du soir, pour y passer la nuit.

Le 22 au matin, le calme étant rétabli dans l'atmosphère, nous nous disposons de bonne heure à lever l'ancre. Un reste de brise, qui chasse le brouillard, nous permet tout d'abord de doubler facilement la pointe qui abrite Cherki au sud, mais cette brise cesse bientôt et notre navigation devient d'une lenteur désespérante. La mer est si calme et les eaux si transparentes, que l'on aperçoit les moindres détails du fond, à plus de six ou huit mètres de profondeur, aussi distinctement que s'il n'y avait que quelques décimètres d'eau. Ce fond est sableux et riche en spongiaires; dans les portions où il s'élève et permet à une abondante végétation de croître, une multitude de *Pinna maritima* sont plantées verticalement, entre-bâillant leurs énormes valves. On ne voit que peu d'autres mollusques, mais les parties herbeuses doivent recéler des Gastéropodes, tandis que les Acéphales doivent être abondants dans le sable vaseux.

Vers onze heures, nous sommes en face de Bordj-el-Ksar, vieille construction romaine relevée en partie par les musulmans et actuellement abandonnée. Une série de loges s'étend sur une assez grande longueur au niveau même de la mer et m'est signalée comme étant les ruines d'un ancien établissement balnéaire, ce dont je doute à première vue. Mon désir d'éclaircir le fait et de visiter le château, non moins que celui de me rendre compte de la nature et de la végétation de cette rive de l'île, me pousse à descendre à terre, ce que nous effectuons en faisant décrire à notre barque de nombreux circuits entre les palissades des pêcheries, et en touchant le fond à diverses reprises. A peine avons-nous mis pied à terre, que d'innombrables débris de poteries, de marbres polis et de mosaïques s'offrent à nos regards. Je ne tarde pas à acquérir la certitude que les prétendues loges balnéaires ne sont que d'anciennes citernes surmontées jadis par une ligne de constructions qui devaient être en bordure sur un quai détruit par la mer. Les citernes et les maisons ont, de même, été démolies ou éventrées, et la roche de gypse friable, entamée, forme aujourd'hui une falaise à pic au-dessus d'une plage basse et caillouteuse. A cinquante mètres environ dans la mer, on voit encore les traces des jetées du port qui existait jadis et qui est obstrué aujourd'hui par les débris des constructions. Cet envahissement par la mer qui ronge peu à peu la falaise est une nouvelle preuve de l'affaissement graduel de la côte. Le bordj est construit sur une petite éminence dominant les terrains voisins, divisés en carrés par de vieux murs d'enceintes de jardins au milieu desquels on voit encore des vestiges de constructions et quelques arbres. Les anciennes voies de cette ville détruite sont parfaitement visibles; l'une d'elles, d'une grande largeur, venait aboutir directement au port, au-dessous du mamelon que surmonte le château. Bordj-el-Ksar devait être une cité florissante et commerçante, dont une portion composée de villas entourées par des jardins. Une sorte de columbarium est encore debout à quelques centaines de mètres du bordj. Partout gisent à la surface du sol des fragments de poteries, de marbres et de mosaïques. Des fouilles y seraient intéressantes à faire, mais il faudrait pour cela un temps et des moyens d'exécution dont je ne dispose pas. J'y ai rencontré des enduits de stuc portant les traces de peintures à fresque, et les restes d'un four destiné probablement à transformer en plâtre le sulfate de chaux cristallisé formant en grande partie la roche de la falaise qui se délite journellement sous l'influence de l'humidité saline.

Après deux heures de séjour à Bordj-el-Ksar, nous faisons voile pour Sfax où nous sommes poussés en quelques heures par une brise du nord, qui devient assez forte au passage du chenal profond séparant les îles de la terre ferme.

Les journées du 23 et du 24 juin sont passées à Sfax et absorbées par nos préparatifs de départ, et, le 25, nous prenons définitivement congé des autorités et de M. Matteï, et nous nous embarquons pour la Goulette où nous arrivons le 28, après avoir fait escale pendant une demi-journée à Sousa, cette intéressante ville dont la ceinture de murailles crénelées, blanches comme du lait, peut être comparée à une fine broderie.

X

Excursion à Djezeïret Djamour. — Retour en France.

Rentrés à Tunis, nous préparons sans retard notre excursion à Djezeïret Djamour (île Zembra) dont la visite doit terminer notre mission. Cette petite île, située à près de cinquante kilomètres au nord-est de la Goulette et à dix kilomètres environ de l'extrémité de la presqu'île du Cap Bon, n'avait pas pu être explorée par la Mission botanique de 1883, malgré l'intérêt qu'elle paraissait offrir; elle nous était donc tout spécialement recommandée.

Partis de la Goulette, M. Valéry Mayet et moi, le jeudi 2 juillet à une heure du matin, sur une grande barque pontée frétée pour nous par les soins de M. Cubissol, vice-consul français, nous sommes forcés, faute de vent, de louvoyer toute la journée le long de la presqu'île du Cap Bon. Vers quatre heures du soir seulement, grâce à une forte brise qui se lève inopinément, nous parvenons, après deux heures employées à courir des bordées, à atterrir sur le seul point accessible de cet immense rocher isolé, dont la cime est élevée de près de 450 mètres, et qui, à sa partie septentrionale, plonge d'une hauteur à pic de près de 250 mètres dans la mer.

L'île n'offrant aucune ressource et n'étant habitée que par une seule famille de bergers pêcheurs, possédant un troupeau d'une centaine de chèvres et une bande de porcs, nous devrons passer la nuit et prendre nos repas à bord de la barque ancrée au milieu des vestiges d'un vieux port, remontant sans doute à l'époque carthaginoise. Toutefois, nous nous empressons de débarquer pour utiliser les quelques heures de jour qui restent encore à faire une première reconnaissance dans l'espèce de vallon qui, dans sa partie méridionale, sépare en deux parties la montagne dont est formé cet îlot, détaché du massif montagneux du Cap Bon. Cette excursion préliminaire, en nous fixant sur la topographie de l'île, nous permet de combiner une course plus étendue, projetée pour le lendemain. Dès nos premiers pas sur le rivage, nous avons la satisfaction de découvrir, au milieu de buissons de *Calycotome villosa* et de touffes de *Senecio Cineraria*, l'une des plantes les plus intéressantes qu'ait encore fournies notre voyage : c'est le *Poterium spinosum*, appartenant à la flore du bassin oriental de la Méditerranée, et qui est là à sa station la plus occidentale. Il forme des buissons épineux, aussi désagréables à traverser que ceux du *Zizyphus Lotus*, et vit dans les sables marins où, quoique très abondant, il est confiné dans un espace de quelques centaines de mètres carrés, au voisinage du rivage. Sur ce même point, en s'enfonçant dans le vallon jusqu'aux premières pentes de la montagne, il existe des vestiges de constructions, révélant l'existence d'un ancien centre d'habitations ou tout au moins d'établissements assez importants.

L'îlot, comme nous venons de le dire, est séparé en deux portions, orientale et occidentale, par le vallon qui, venant mourir au point de notre mouillage, s'élève graduellement sur une longueur d'environ un kilomètre jusqu'à la crête d'une falaise d'à peu près 150 mètres d'élévation qui plonge brusquement dans la mer. Le sol de cette vallée est argilo-siliceux et recouvert, sur beaucoup de points, d'une couche d'humus dans laquelle croissent abondamment des broussailles où dominent le Lentisque, le Myrte et le *Cistus Monspeliensis*, ainsi que quelques Bruyères en arbre.

L'approche de la nuit mettant fin à notre promenade, nous regagnons au plus vite la barque où nous attend notre modeste repas du soir. Quant au repos de la nuit, il est troublé sans relâche par les mugissements d'un vent furieux et les cris stridents, semblables à des miaulements de chats, poussés par des milliers d'oiseaux de mer, Puffins, Pétrels ou Stercoraires, qui ont leurs nids dans les falaises de l'île, dont ils sont les véritables possesseurs.

Le lendemain matin, 3 juillet, nous entreprenons de bonne heure l'exploration de l'ensemble de l'île. Prenant d'abord à droite de la vallée, nous gravissons des rochers abrupts où nous cueillons, non sans courir quelques dangers, plusieurs des plantes les plus intéressantes découvertes par la Mission de 1883 au Cap Bon, notamment une espèce nouvelle de *Scabiosa* (*S. farinosa* Coss.) et un *Dianthus* voisin du *Dianthus Bisignani*, que M. Cosson considère comme nouveau (*D. Hermæensis* Coss.). Puis, tournant la pointe orientale de l'île, nous en atteignons, après mille difficultés, le sommet méridional. Longeant ensuite la crête que nous avons visitée la veille, nous rencontrons quelques ruines d'anciennes constructions, et, après avoir franchi entre des rochers un passage dangereux, nous descendons dans une dépression faisant face à l'est, dépression dans laquelle sourd une source peu abondante dont l'eau est sensiblement saumâtre. Autour de cet endroit humide, la végétation est des plus plantureuses: d'énormes pieds de *Cirsium giganteum* s'élancent du milieu des roches éboulées, le *Senecio Cineraria* montre partout à profusion ses feuilles tomenteuses blanches et ses capitules d'or, tandis que l'*Anthyllis Barba-Jovis*, les *Phillyrea*, les Lentisques, les Cistes de Montpellier et les Palmiers-nains croissent jusqu'au sommet de rochers abrupts qu'escalade sans peine un troupeau de chèvres. De nombreux Lapins, qui nous paraissent en tout semblables à ceux de France, fuient sur notre passage, justifiant la réputation faite à Djezeïret Djamour pour leur abondance, et une multitude d'oiseaux de mer, qui ont fait leurs nids dans les anfractuosités des rochers, tournoient sur nos têtes en poussant des cris d'alarme. Le site est des plus sauvages, et d'autant plus pittoresque, que nous dominons alors de deux cents mètres à pic le flot qui bat furieusement le pied des falaises. C'est dans cette partie de notre exploration, qui se continue par un sentier scabreux courant sur le flanc septentrional de l'île, que nous trouvons à la fois, sur les roches escarpées, le *Dianthus* déjà indiqué, le *Brassica insularis* atteignant les proportions d'un petit arbrisseau et le *Brassica Gravinæ*, et que nous recueillons, malheureusement sans fleurs et sans fruits, l'intéressant *Iberis semperflorens*, plante nouvelle pour la flore du Nord de l'Afrique et qui n'était signalée jusqu'ici que dans la Sicile et l'Italie méridionale. Sous un rocher surplombant, nous trouvons un petit gisement de sulfate d'alumine, puis, profitant d'une coupure naturelle entre les rochers à pic, nous gagnons à la force du poignet un des points les plus élevés de l'île. Ce n'est pas sans satisfaction, après avoir franchi ce mauvais passage, que nous pouvons enfin marcher sur un terrain plus sûr et moins incliné.

Au pied d'une immense muraille de rochers dolomitiques, se trouve une petite source dont l'eau, retenue dans un bassin creusé par les bergers, nous invite à prendre quelque nourriture et à nous reposer environ une heure. Nous y recueillons l'*Asplenium Adiantum-nigrum*, *le Ceterach officinarum*, et, sur un terrain dénudé par le feu, nous trouvons de nombreux pieds de l'*Erodium maritimum*, plante occidentale nouvelle pour la flore tunisienne et dont la limite à l'est avait été jusqu'ici la Sardaigne orientale. L'eau de la source sortirait plus abondamment au moyen de quelques travaux faciles à exécuter, et il est probable que jadis elle a été utilisée et amenée dans le voisinage du port par une conduite dont on retrouve encore quelques vestiges dans la partie basse de l'île.

Notre halte achevée, nous nous mettons en devoir d'atteindre le point désigné comme le plus élevé de Djezeïret Djamour; mais déjà le vent, qui n'a cessé de souffler violemment, amène rapidement des nuées qui enveloppent bientôt les sommets et dérobent à nos yeux les cimes les plus hautes. La pointe où nous sommes porte le nom de Pico d'Acqua Santa, et domine les falaises du nord-ouest; le baromètre holostérique y marque 728 millimètres, et la température y est de + 24 degrés centigrades; à trois heures du soir, nous avons observé, sur le bord même de la mer, au même instrument, 765 millimètres avec la même température; ce sommet aurait donc environ 450 mètres d'altitude, hauteur importante, eu égard au peu d'étendue de l'îlot qui se dresse presque à pic au-dessus de la mer. Est-ce réellement le point culminant de l'île? Le brouillard nous empêchant d'atteindre une seconde cime, nous ne saurions l'affirmer.

La pente par laquelle nous nous mettons en devoir de redescendre est couverte d'épaisses broussailles, mais nous n'y rencontrons que des buissons élevés de deux à trois mètres; les vrais arbres y font totalement défaut, par suite des coupes fréquentes du maquis, objet d'une exploitation permanente de la part des Italiens, qui transportent journellement des fagots, nous ne savons au juste à quelle destination, mais peut-être bien à la pêcherie de thons, dite Tonara, établie sur la côte de la presqu'île du Cap Bon. Environ à moitié de la hauteur de la montagne, nous remarquons des traces d'anciens travaux que l'on dirait avoir constitué une sorte de barrage pour retenir, dans une dépression naturelle actuellement à peu près comblée, soit les eaux de la source d'Acqua Santa, soit les eaux d'écoulement des pentes avoisinantes.

Désireux de rentrer au plus vite à Tunis où nous attend le lendemain le Ministre Résident, qui nous a gracieusement invités à déjeuner à la Marsa, nous pressons en vain nos marins de partir sans délai; prétextant la violence du vent, et en réalité dans le but de prendre un chargement de fromages et d'embarquer plusieurs chasseurs qui étaient venus tuer des lapins pour les vendre à Tunis, ils ne se décident à lever l'ancre qu'à neuf heures du soir et par une brise tout aussi violente que dans la journée. Sous son impulsion, nous filons rapidement jusque vers onze heures du soir, par un clair de lune splendide qui nous permet de voir pendant longtemps le rocher de Djamour. Mais, vers minuit, la brise ayant molli tout à coup, nous cessons d'avancer, et, à l'aube, lorsque nous croyions être en vue de la Goulette, nous nous apercevons avec stupeur que nous sommes encore dans les parages de l'îlot, et que, par un calme plat, nous dérivons, sous l'action des courants, dans la direction de Porto-Farina. Cette fastidieuse navigation, contre laquelle nous ne pouvons rien, se prolongeant jusqu'à midi, ce n'est qu'à deux heures du soir que nous passons en vue de la Marsa et du cap Carthage, et à quatre heures seulement, que nous débarquons à la Goulette, où nous eussions été rendus dans la nuit sans l'obstination malencontreuse du patron de notre barque.

Sauf l'incident peu agréable qui nous a empêchés de nous rendre à l'invitation du Ministre, nous n'avons qu'à nous féliciter de cette excursion, l'une des plus importantes de tout le voyage, au point de vue de ses résultats scientifiques.

C'est surtout à Djezeïret Djamour que nous avons eu à regretter que la saison fût trop avancée pour les herborisations. Malgré le mauvais état de la végétation, dû à la saison et à une sécheresse contrastant avec l'humidité exceptionnelle que nous avions trouvée dans le Sud, nous avons cependant fait quelques découvertes d'un véritable intérêt. Nous croyons donc utile de donner la liste presque complète des plantes que nous avons recueillies ou observées :

Clematis Flammula L.
— cirrhosa L.
Glaucium luteum Scop.
Fumaria Bastardi Boreau.
Iberis semperflorens L., nouveau pour la flore des États Barbaresques.
Brassica insularis Moris.
— Gravinæ Ten.
Capparis spinosa L. *var.* rupestris.
Helianthemum guttatum Pers.
Cistus salviæfolius L.
— Monspeliensis L.
Dianthus Hermæensis Coss. (D. Bisignani aff.).
Vitis vinifera L., reste de cultures anciennes.
Erodium maritimum L'Hérit., nouveau pour la Tunisie.
Pistacia Lentiscus L.
Calycotome villosa Link.
Anthyllis Barba-Jovis L.
Poterium spinosum L., nouveau pour la Tunisie.
Myrtus communis L.
Ecbalium Elaterium Rich.
Polycarpon Bivonæ J. Gay.
Sedum cæruleum Vahl.
— dasyphyllum L. *var.* glanduliferum.
— tuberosum Coss. et Lx., déjà trouvé à El-Haouiria par la Mission de 1883.
Umbilicus horizontalis Guss.
Mesembryanthemum crystallinum L.
Daucus gummifer Lmk.
Crithmum maritimum L.
Lonicera implexa Ait.
Scabiosa farinosa Coss., découvert en 1883 par MM. Letourneux et Reboud, au Cap Bon et au Djebel Abd-er-Rahman.
Logfia Gallica Coss. et G. de S^{t}-P.

Asteriscus maritimus Mœnch.
Inula viscosa Ait.
— graveolens Desf.
Senecio Cineraria DC.
Cirsium giganteum Spreng.
Seriola lævigata L.
Hyoseris radiata L.
Campanula dichotoma L.
Arbutus Unedo L.
Erica multiflora L.
— arborea L.
Anagallis arvensis L.
Phillyrea media L.
Nerium Oleander L.
Erythræa ramosissima Pers.
— Centaurium L. *var.* fruticulosa.
Heliotropium Europæum L.
Echium maritimum Willd.
Mentha Pulegium L.
Statice virgata Willd.
Statice echioides L.
Salsola Tragus L.
Polygonum maritimum L.
Daphne Gnidium L.
Thymelæa hirsuta Endl.
Ficus Carica L. subsp.
Parietaria diffusa Mert. et Koch.
Morus nigra L., reste de cultures.
Quercus Ilex L.?
Juniperus Phænicea L.
Allium pallens L.
Pancratium maritimum L.
Chamærops humilis L.
Arum Italicum Mill.
Lagurus ovatus L.
Polypogon subspathaceus Req.
Ammophila arenaria Link.
Melica minuta L.
Asplenium Adiantum-nigrum L. *var.*
Ceterach officinarum C. Bauh.

Trois des espèces les plus intéressantes de cette liste sont l'*Iberis semperflorens*, le *Poterium spinosum* et l'*Erodium maritimum*, toutes trois nouvelles pour la Tunisie et la côte africaine septentrionale, car elles paraissent faire de la presqu'île du Cap Bon, dont Djezeïret Djamour n'est qu'un lambeau détaché, un lien entre la flore du bassin occidental et celle du bassin oriental de la région méditerranéenne. L'existence de ces plantes à Djezeïret Djamour nous paraît démontrer, ainsi que l'admet notre savant ami M. E. Cosson, que la presqu'île du Cap Bon a été reliée à la Sicile, antérieurement à la distribution actuelle des végétaux, par un continent dont les îles actuellement existantes ne sont que des témoins.

Djezeïret Djamour paraît être formé de calcaires gris semblables à ceux que l'on rencontre au Cap Bon. Un grès grossier se montre cependant sur quelques points dans la dépression qui partage l'îlot, du nord-est au sud-ouest, dans sa partie la plus étroite. Les couches sont redressées vers le nord-ouest et coupées à pic au-dessus de la mer, sauf sur un petit espace, le seul où il soit possible d'aborder. Nous n'y avons rencontré aucun fossile, mais nous y avons constaté des traces d'oxyde de fer, et, sur un point de l'escarpement nord-ouest, des efflorescences jaunâtres qui paraissent alunifères. La petite source située dans une dépression au nord est légèrement salée.

Le fait zoologique le plus saillant observé dans l'îlot de Djamour est la présence en quantité innombrable du Lapin, qui y est l'objet d'un trafic avec Tunis. Les individus de ce rongeur que nous avons pu nous procurer ne nous ont montré aucun caractère qui le distingue de l'espèce d'Europe. Le Lapin se trouve aussi dans l'îlot voisin (Zembretta) et dans l'îlot situé près de Sousa et qui, à cause de son abondance, est appelé Conigliera (du nom italien du lapin : *coniglio*), tandis qu'il n'existe en Tunisie sur aucun point de la terre ferme.

Nous signalerons aussi l'abondance extrême des oiseaux de mer (Puffins, Pétrels, Stercoraires) qui nichent par milliers dans les rochers du nord-ouest de l'îlot.

Il est regrettable que la brièveté de notre séjour à Djamour ne nous ait pas permis de nous livrer à la recherche des mollusques marins, car quelques débris de coquilles, entre autres des *Patella Lamarckii* et *P. Oculus*, de très grande taille, ainsi que des *Purpura Hæmastoma* et *P. Bezoar*, nous font présumer qu'il y aurait beaucoup à trouver en explorant le rivage et les roches qui entourent l'îlot. Quant aux mollusques terrestres, l'extrême sécheresse en a rendu la recherche infructueuse.

La saison était également trop avancée pour les chasses entomologiques, et notre court séjour ne nous a procuré qu'un coléoptère intéressant, mais en grande abondance, le *Philax Tuniseus* Leurat, que nous n'avions pas rencontré sur le continent.

Notre excursion à l'îlot de Djamour termine, ainsi que nous l'avons dit déjà, la série des recherches dévolues à notre groupe d'explorateurs. Du reste, la saison avancée et les chaleurs ne nous eussent plus permis d'obtenir des résultats sérieux.

Le samedi 5 juillet, nous quittons la terre d'Afrique, et le 7 au matin nous débarquons dans le port de Marseille, après un voyage de 106 jours, dont plus de 90 ont été exclusivement consacrés aux explorations. Enfin, les membres du groupe dont j'avais eu l'honneur de diriger les recherches se séparent à Marseille, après avoir adressé au Ministère de l'instruction publique, pour être remis aux mains du Président de la Commission scientifique, les résultats de leurs récoltes.

Je crois pouvoir dire, en terminant cet historique de notre voyage, que nous avons conscience, mes collègues et moi, d'avoir apporté dans l'accomplissement de la mission qui nous avait été confiée le dévouement le plus absolu à la science. Rien n'a été négligé par nous pour obtenir les résultats les plus fructueux, eu égard à la grande étendue de pays que nous avions à parcourir et aux ressources trop limitées mises à notre disposition. Trop souvent, nous avons eu à regretter le manque de temps ou de moyens d'action. C'est ainsi que l'exploration des montagnes de Ceket et de Sened, et en général de toute la région du Tahla, ainsi que celle du Djebel Berd, aurait exigé au moins le double du temps que nous avons pu y consacrer. Le fond de la mer, entre l'île de Djerba et la côte, dans le canal des Kerkenna, et surtout autour de la petite île de Djamour, aurait pu donner lieu à de fructueux dragages, que nous n'avions pas le moyen d'exécuter. Ces dragages auraient certainement fait connaître des crustacés, des mollusques et des zoophytes qui eussent offert de l'intérêt. De même, la capture des mammifères et celle des oiseaux ont dû être forcément négligées, leur préparation exigeant beaucoup de temps et ne pouvant être exécutée que par une personne spécialement chargée de cette opération. Nous avons pu, toutefois, rapporter de nombreux reptiles, ainsi qu'un certain nombre d'échantillons de roches et de fossiles qui pourront fournir des indications sur les terrains du pays que nous avons exploré. Ces derniers ont été soumis à l'examen de M. Rolland, et les mollusques terrestres ont été communiqués à M. Bourguignat, l'un des savants auteurs du *Prodrome de la malacologie de la Tunisie.*

www.ingramcontent.com/pod-product-compliance
Ingram Content Group UK Ltd.
Pitfield, Milton Keynes, MK11 3LW, UK
UKHW012044240726
13965UKWH00003B/1023

9 782013 402071